BIBLIOTHÈQUE

SCIENTIFIQUE INTERNATIONALE

PUBLIÉE SOUS LA DIRECTION

DE M. ÉM. ALGLAVE

LXXXIX

BIBLIOTHÈQUE SCIENTIFIQUE INTERNATIONALE

Publiée sous la direction de M. Ém. ALGLAVE

Volumes in 8, reliés en toile anglaise . . . . Prix : 6 fr.

89 VOLUMES PUBLIÉS
DERNIERS PARUS :

J. Costantin. LES VÉGÉTAUX ET LES MILIEUX COSMIQUES. ADAPTATION, ÉVOLUTION, avec 171 figures . . . . 6 fr.

G. Roché. LA CULTURE DES MERS EN EUROPE. PISCIFACTURE, PISCICULTURE, OSTRÉICULTURE, avec 81 figures . . . . 6 fr.

G. de Mortillet. FORMATION DE LA NATION FRANÇAISE (Textes, Linguistique, Palethnologie), avec 81 figures et 18 cartes . . . . 6 fr.

J. Demoor, J. Massart et E. Vandervelde. L'ÉVOLUTION RÉGRESSIVE, EN BIOLOGIE ET EN SOCIOLOGIE, avec 81 figures . . . . 6 fr.

J.-L. de Lanessan. PRINCIPES DE COLONISATION . . . . 6 fr.

Le Dantec. THÉORIE NOUVELLE DE LA VIE . . . . 6 fr.

Stanislas Meunier. LA GÉOLOGIE COMPARÉE, avec 36 figures . . . . 6 fr.

Jaccard. LE PÉTROLE, L'ASPHALTE ET LE BITUME, au point de vue géologique, avec 70 figures . . . . 6 fr.

A. Angot. LES AURORES POLAIRES, avec figures . . . . 6 fr.

P. Brunache. LE CENTRE DE L'AFRIQUE (Autour du Tchad), avec 41 figures et 1 carte . . . . 6 fr.

De Quatrefages. LES ÉMULES DE DARWIN, avec préfaces de MM. E. PERRIER et HAMY. 2 vol. . . . . 12 fr.

— DARWIN ET SES PRÉCURSEURS FRANÇAIS. 2ᵉ édition, augmentée . . 6 fr.

André Lefèvre. LES RACES ET LES LANGUES . . . . 6 fr.

A. Binet. LES ALTÉRATIONS DE LA PERSONNALITÉ, avec figures . . . 6 fr.

Topinard. L'HOMME DANS LA NATURE, avec 101 figures . . . . . . 6 fr.

S. Arloing. LES VIRUS, avec 47 figures . . . . 6 fr.

Starcke. LA FAMILLE PRIMITIVE . . . . 6 fr.

Sir J. Lubbock. LES SENS ET L'INSTINCT CHEZ LES ANIMAUX, et principalement chez les Insectes, avec 117 figures . . . . 6 fr.

Berthelot. LA RÉVOLUTION CHIMIQUE, LAVOISIER, avec figures . . . 6 fr.

Cartailhac. LA FRANCE PRÉHISTORIQUE, avec 162 figures. 2ᵉ édit. . . 6 fr.

Beaunis. LES SENSATIONS INTERNES . . . . 6 fr.

A. Falsan. LA PÉRIODE GLACIAIRE, principalement en France et en Suisse, avec 105 figures . . . . 6 fr.

Richet (Ch.). LA CHALEUR ANIMALE, avec figures . . . . 6 fr.

Sir John Lubbock. L'HOMME PRÉHISTORIQUE étudié d'après les monuments et les costumes retrouvés dans les différents pays de l'Europe, suivi d'une étude sur les mœurs et les costumes des sauvages modernes, avec 228 figures, 4ᵉ édition. 2 vol. . . . . 12 fr.

Daubrée. LES RÉGIONS INVISIBLES DU GLOBE ET DES ESPACES CÉLESTES, avec 78 figures, 2ᵉ édition, revue et augmentée . . . . 6 fr.

AUTRES OUVRAGES DE M. F. LE DANTEC

LIBRAIRIE FÉLIX ALCAN :

THÉORIE NOUVELLE DE LA VIE. 1 volume in-8 de la *Bibliothèque scientifique internationale*. Cartonné à l'anglaise . . . . 6 fr.

LE DÉTERMINISME BIOLOGIQUE ET LA PERSONNALITÉ CONSCIENTE. 1 volume in-18 de la *Bibliothèque de philosophie contemporaine* . . . . 2 fr. 50

L'INDIVIDUALITÉ ET L'ERREUR INDIVIDUALISTE. 1 volume in-18 de la *Bibliothèque de philosophie contemporaine* . . . . 2 fr. 50

LA MATIÈRE VIVANTE . . . . 2 fr. 50

LES SPOROZOAIRES ET LES COCCIDIES PATHOGÈNES (en collaboration avec L. BÉRARD) . . . . 2 fr. 50

LA BACTÉRIDIE CHARBONNEUSE (assimilation, variation, sélection) . . 2 fr. 50

LA FORME SPÉCIFIQUE (types d'êtres unicellulaires) . . . . 2 fr. 50

Ces quatre derniers volumes font partie de l'*Encyclopédie scientifique des Aide-mémoire*
(MASSON et GAUTHIER-VILLARS, Éditeurs.)

ÉVOLUTION INDIVIDUELLE

ET

HÉRÉDITÉ

THÉORIE

DE

LA VARIATION QUANTITATIVE

PAR

FÉLIX LE DANTEC

Ancien élève de l'École normale supérieure

Docteur ès sciences.

———

PARIS

ANCIENNE LIBRAIRIE GERMER BAILLIÈRE ET Cⁱᵉ

FÉLIX ALCAN, ÉDITEUR

108, BOULEVARD SAINT-GERMAIN, 108

——

1898

ÉVOLUTION INDIVIDUELLE

ET

HÉRÉDITÉ

INTRODUCTION

Il n'y a pas de faits nouveaux dans ce livre ; trop d'ouvrages ont déjà été publiés sur la question si controversée de l'hérédité, pour qu'il reste à relever des observations n'ayant pas déjà été maintes et maintes fois retournées en tous sens au bénéfice de telle ou telle théorie. Ce qu'il y a d'important dans l'étude du sujet, ce ne peut donc être que la méthode avec laquelle cette étude est conduite et je me crois en droit d'affirmer qu'à ce point de vue, le livre que voici diffère entièrement des autres.

Je me suis convaincu, par des études antérieures, de l'impossibilité de trouver, entre les corps vivants ou plastides et les corps dits bruts, une autre différence que la présence ou l'absence de la propriété d'assimilation. Cette propriété doit donc être la base de toute étude biologique...

Et même, puisqu'il n'y a rien de commun aux êtres vivants en dehors de la propriété d'assimilation, tout ce qu'il y a en biologie de véritablement général doit pouvoir se déduire de cette propriété. Lorsqu'en mathématiques on définit des courbes par certains caractères qui les distinguent de toutes les autres courbes, on établit, par des calculs plus ou moins simples, l'équation algébrique de ces courbes, puis, de la *discussion* complète de cette équation, de l'étude de tous les cas qui peuvent se présenter, on déduit toutes les *autres* propriétés des courbes définies dans l'énoncé du problème, et l'on peut affirmer que ces autres propriétés sont une conséquence de celles de l'énoncé.

C'est cette méthode déductive que j'ai suivie dans le présent ouvrage ; seulement, j'ai limité à ce qui concernait la question de l'hérédité la discussion de l'équation de la vie élémentaire[1] ; la discussion générale de cette équation dans tous les cas aurait conduit à toute la biologie générale.

Quand on discute l'équation d'une courbe, on ne sait pas d'avance quelles propriétés on lui trouvera, et pour être sûr qu'on ne s'est pas trompé, on procède *a posteriori* à des vérifications. Dans l'étude de l'hérédité ces vérifications se font d'elles-mêmes, lorsque certains points de la discussion amènent à la découverte de faits *connus ;* mais, en aucun cas, il ne faut tenir compte dans la discussion de la connaissance antérieure de ces faits ou du moins il n'en faut tenir compte que pour diriger ses recherches vers telle ou telle question et ne pas s'égarer dans d'autres régions de la biologie générale. Et ces vérifications *a posteriori* prouveront au chercheur, non seulement qu'il ne s'est pas trompé dans ses déductions, mais encore que le problème a été bien posé, que le point de départ a été bon. Weissmann aurait dû renoncer

____

(1) Voyez *Théorie nouvelle de la vie*. Bibl. scient. internationale, t. II.

à son ingénieux système quand il en a conclu l'impossibilité de l'hérédité des caractères acquis.

Cette méthode déductive a le grand avantage d'éliminer forcément toutes les erreurs provenant de raisonnements téléologiques ou anthropomorphiques ; nous partons de plastides et nous ne suivons que les plastides, même dans l'échelle ascendante des êtres polyplastidaires, ce qui nous garantit naturellement de l'erreur individualiste ; nous arriverons forcément ainsi à l'hérédité d'œuf à œuf et non à l'hérédité d'être à être, et nous séparerons naturellement les deux questions distinctes qui, le plus souvent, s'embrouillent l'une l'autre, l'évolution individuelle et l'hérédité.

Il est évident que l'étude, faite de cette manière, ne nous donnera que des résultats extrêmement généraux ; nous pourrons, dans certains cas, restreindre le problème en introduisant une condition nouvelle dans l'énoncé ; la présence de la cellulose au terme R de l'équation nous amènerait par exemple à l'étude exclusive des végétaux. Je m'en suis tenu, autant que possible, aux lois les plus générales.

De même que je l'ai déjà fait dans d'autres ouvrages de même nature, je n'ai pas craint de m'étendre longuement sur des questions qui paraissaient très simples, quand elles risquaient d'être mal interprétées, et je me suis astreint à répéter plusieurs fois, sous des formes différentes, les choses qui, très importantes en elles-mêmes, se trouvaient en contradiction, non avec les faits, naturellement, mais avec les théories admises et avec les expressions du langage individualiste.

Dans toute discussion de problème on ne peut procéder que par approximations successives ; il serait trop embrouillé de tenir compte à la fois de tous les facteurs naturels ; ce n'est que petit à petit, après avoir étudié séparément et successivement l'influence de divers facteurs quelquefois inséparables, que l'on peut se livrer à l'étude de leur influence lorsqu'ils agissent en même temps.

Je me suis probablement rencontré souvent avec divers auteurs qui ont écrit sur l'hérédité ; je le répète, il n'y a rien de nouveau dans ce livre en dehors de la méthode de recherches.

L'hypothèse, que j'ai faite dans un livre précédent [1], de l'existence d'une propriété atomique expliquant les épiphénomènes de conscience, m'a naturellement dispensé de toute considération relative à l'hérédité des instincts ou des particularités psychiques, puisque je considère ces particularités comme inséparables de particularités chimiques de structure auxquelles elles n'ajoutent rien au point de vue objectif.

Les raisonnements déductifs que j'ai faits demandent à être suivis avec assez d'attention pour que j'aie cru ne pas devoir les interrompre par des exemples ou vérifications *a posteriori ;* j'ai donc renvoyé ces exemples au cinquième livre de l'ouvrage, dans lequel j'ai aussi discuté quelques théories récentes sur l'hérédité.

Je ne crois pas avoir introduit une seule hypothèse dans la discussion ; la *variation quantitative* qui est à la base de tous mes raisonnements ne me semble pas pouvoir être considérée comme hypothétique. Si un plastide *abcdef* est à la condition n° 2 [2]; il est

____

[1] *Le déterminisme biologique et la personnalité consciente* (Bibl. de philosophie contemporaine).

[2] V. *Théorie nouvelle de la vie,* op. cit., l. II.

très probable que ses différentes substances plastiques se détruisent inégalement vite et que, si l'on arrête la destruction avant la mort élémentaire, il reste.un plastide quantitativement différent du premier. Je ne dis pas pour cela qu'il n'y ait pas de plastides dans.lesquels toutes les substances plastiques se détruisent également vite ; s'il y en a, ils ne sont pas susceptibles de variations quantitatives, ni par conséquent de différenciation, et voilà tout.

Le but que je mé proposais en écrivant cet ouvrage était de voir s'il était possible d'arriver, par la méthode que je viens d'exposer, à la compréhension de l'hérédité des caractères acquis ; j'ai donc tout sacrifié à ce but et j'ai évité de m'étendre sur toutes les questions étrangères, comme celle de la formation des espèces qui en est cependant une conséquence. Toutes ces grandes questions de la biologie générale sont discutées dans trop de livres extrêmement documentés pour que j'aie cru devoir m'en occuper au cours d'une étude déjà suffisamment arduc par elle-même. Aussi la discussion, très générale au début, se spécialise-t-elle de plus en plus pour se terminer en queue de poisson à l'hérédité des caractères acquis. Je suis convaincu qu'il serait facile, en suivant la même méthode déductive,.d'arriver à toutes les autres lois générales de la biologie.

Paris, 31 octobre 1897.

PREMIÈRE PARTIE

LES MONOPLASTIDES

LIVRE PREMIER

MONOPLASTIDES SCISSIPARES

Tous les êtres vivants sont, ou des plastides simples, ou des agrégats de plastides dérivés de plastides primitivement simples ; lorsqu'un phénomène est commun à *tous les êtres vivants sans exception*, comme cela a lieu pour l'hérédité, on doit donc pouvoir l'étudier chez les plastides simples.

Bien plus, une étude approfondie de l'ensemble des êtres vivants montre que ces êtres ont en commun une *seule* particularité, savoir : qu'ils sont formés de plastides, c'est-à-dire de parties douées de *vie élémentaire*. La vie élémentaire est la propriété chimique par laquelle sont caractérisés les corps pour lesquels il existe un ou plusieurs milieux définis (condition n° 1), tels que ces corps y soient le siège de réactions d'où résulte l'*assimilation* ou augmentation quantitative des substances plastiques sans variation qualitative [1]. Dans tout autre milieu (condition n° 2),

(1) V. *Théorie nouvelle de la vie*, op. cit., l. II.

ces corps ou plastides réagissent comme les autres composés chimiques (destruction qualitative).

Mais, si la vie élémentaire ainsi définie est la *seule* particularité commune à tous les êtres vivants, il en résulte que tout phénomène véritablement général en biologie doit être une conséquence de l'activité chimique des corps doués de vie élémentaire dans les différents cas possibles, c'est-à-dire à la condition n° 1 ou à la condition n° 2 ; on doit donc pouvoir prévoir tous les phénomènes d'hérédité en discutant complètement les diverses manifestations de la vie élémentaire, et il faut naturellement commencer cette étude chez les plastides isolés les plus simples, les plastides scissipares.

J'ai étudié assez complètement l'un de ces plastides dans un petit livre paru il y a un an [1]; j'ai choisi comme exemple la Bactéridie charbonneuse parce qu'elle est très répandue, qu'elle a été l'objet de très nombreux travaux, et qu'elle jouit d'une propriété spéciale, la virulence, permettant de constater chez elle des variations extrêmement peu importantes au point de vue morphologique. Je résumerai en quelques pages les plus remarquables des conclusions de ce travail destiné à servir d'introduction à la Biologie générale, et ces conclusions seront les fondements de l'étude de l'hérédité chez les êtres supérieurs.

(1) *La Bactéridie charbonneuse* (Encycl. scient. des aide-mémoire Léauté).

CHAPITRE PREMIER

L'ASSIMILATION

Dans le sang d'un animal charbonneux (condition n° 1), les bactéridies se multiplient rapidement ; il suffit d'en inoculer quelques-unes à un mouton sain pour que, au bout de quelques jours, l'animal meure rempli de millions de bactéridies semblables aux premières ; ces bactéridies proviennent de réactions entre les substances plastiques a des bactéridies inoculées et les substances Q empruntées au mouton :

$$a + Q = \lambda a + R$$

est l'équation de l'assimilation, ou manifestation de la vie élémentaire à la condition n° 1, λ étant un coefficient supérieur à l'unité, quelque court que soit le temps pendant lequel l'assimilation s'est produite. R est un terme qui comprend des substances variables avec la nature du terme Q, c'est-à-dire que, si la condition n° 1 peut être réalisée de plusieurs manières pour la bactéridie, les produits accessoires des réactions d'où résulte l'assimilation sont différents pour les différents milieux de culture. Or, parmi les substances du terme R, il y a des matières plus ou moins résistantes, visqueuses ou solides qui encroûtent la masse des substances plastiques de la bactéridie et lui constituent une membrane. Suivant la nature de cette membrane (et sa nature pourra varier, nous venons de le voir, avec celle du milieu

de culture) les filaments, formés de bactéridies sou-
dées bout à bout, (par un ciment de substance R)
seront plus ou moins capables de résister sans se
rompre aux influences mécaniques extérieures. C'est
pour cela que la longueur des filaments, résultant de
la soudure bout à bout des bactéridies, est variable
avec le milieu; dans le sang d'un animal charbonneux, il n'y a jamais plus de 4 ou 5 bactéridies
réunies en chapelet[1]; il peut y en avoir des cen-
taines dans un milieu directement oxygéné[2].

L'influence morphologique des substances R sera
d'une grande importance à cause des différences
possibles entre les milieux réalisant la condition
n° 1. On peut avoir :

$$a + Q_1 = \lambda_1\, a + R_1$$
$$a + Q_2 = \lambda_2\, a + R_2 ;$$

R_1 et R_2 étant différents si Q_1 et Q_2 le sont, une
assimilation *rigoureuse* pourra donner, avec le même
point de départ, des résultats morphologiques différents dans des milieux différents. C'est ce qui a
amené certains auteurs à croire que le changement
d'alimentation doit influencer l'assimilation elle-
même. J'ai déjà insisté ailleurs[3], à ce sujet, sur la
nécessité de savoir distinguer les substances plastiques a des substances accessoires R qui peuvent
encroûter la masse véritablement vivante des plastides ; je reviens un instant sur ce sujet qui est

____

(1) Cela peut tenir aussi à l'agitation constante due à la circulation du sang, mais alors nous avons là un cas intéressant de
variations morphologiques d'une agglomération polyplastidaire
suivant les conditions mécaniques réalisées dans le milieu.

(2) *La Bactéridie charbonneuse.* op. cit.; p. 11.

(3) *L'Individualité.* Bibl. de philosophie contemporaine, p. 153.

d'une importance capitale pour l'étude de l'hérédité.

Considérons par exemple la membrane cellulaire m d'un plastide quelconque et mettons-la en évidence dans l'équation de la vie élémentaire manifestée :

J'écris que le plastide a doublé :

$$(\alpha) \qquad a + m + Q = 2a + 2m + r$$

cette équation pourrait se mettre sous la forme

$$(\beta) \qquad (a + m) + Q = 2\,(a + m) + r$$

qui est identique à

$$a + Q = \lambda a + R$$

dans laquelle on remplacerait a par $(a + m)$. On pourrait donc croire que la membrane fait partie des substances plastiques de la bactéridie, ce qui entraînerait, puisque la membrane varie dans les divers milieux, l'impossibilité de la réalisation de la condition n° 1 dans plus d'un milieu de culture, et la vérification de l'assertion mentionnée plus haut, que le changement d'alimentation doit influencer l'alimentation elle-même.

Mais, les expériences de mérotomie ont prouvé qu'il n'en est rien. On peut supprimer m au premier membre de l'équation α sans rien changer aux réactions ; il faut seulement supprimer ce terme au second membre et on a :

$$(\alpha') \qquad a + Q = 2a + m + r$$

équation qui peut se mettre sous la forme :

$$(\beta') \qquad a + Q = 2a + (m + r)$$

qui est identique à l'équation

$$a + Q = \lambda a + R$$

si l'on considère $(m + r)$ comme représentant le terme total R. Autrement dit, la membrane n'intervient pas activement dans les réactions.

Cette restriction faite et en comprenant sous la dénomination a uniquement les substances qui interviennent activement dans les réactions d'où résulte leur propre multiplication, on peut affirmer que l'assimilation rigoureuse est possible dans divers milieux, mais que les substances R, dont quelques-unes ont une importance morphologique considérable, varient avec les substances Q, sans que la nature des substances a soit modifiée qualitativement.

$$a + Q_1 = \lambda_1 a + R_1$$
$$a + Q_2 = \lambda_2 a + R_2\ldots\text{ etc.}$$

Il sera essentiel, pour la compréhension des phénomènes d'hérédité, de savoir distinguer les véritables substances plastiques des substances accessoires R.

CHAPITRE II

LA SPORULATION

Nous n'avons considéré, dans le chapitre précédent, que le sort des plastides à la condition n° 1.
Or, dans la nature, la condition n° 1 a forcément une durée limitée; en effet, tous les milieux naturels sont limités, donc l'assimilation ne peut se produire dans l'un d'eux sans entraîner dans sa composition chimique des modifications croissantes : diminution des substances Q, accumulation des substances R. Il arrivera donc un moment où l'assimilation ne sera plus possible et, alors, deux alternatives pourront se présenter : 1° continuation de l'activité chimique dans ces conditions nouvelles; 2° repos chimique.

J'ai appelé[1] condition n° 2 toute réunion de circonstances dans lesquelles un plastide déterminé réagit sans assimiler, autrement dit, tous les cas d'activité chimique pour un plastide, sauf les cas de condition n° 1. Or, en dehors de la condition n° 1, condition toute spéciale et exceptionnelle, un plastide ne peut réagir chimiquement sans se détruire en tant que composé chimique défini, par cela même qu'il réagit; cette destruction sera plus ou moins lente suivant les cas ; quand elle sera achevée, il n'y

(1) *Théorie nouvelle de la vie.* Bibl. sc. internationale, l. II.

aura plus de substance a, il n'y aura plus de plastide ; on dit dans ce cas que le plastide est mort. La mort élémentaire est donc le résultat définitif de la réaction suffisamment prolongée[1] d'un plastide, dans toute condition autre que la condition n° 1.

Pour certains plastides les phénomènes de vieillissement du milieu (diminution des substances Q, accumulation des substances R) réalisent la condition n° 2 et amènent la destruction, la mort élémentaire ; pour la bactéridie que nous avons choisie comme exemple, le vieillissement normal du milieu[2] entraîne le repos chimique ou condition n° 3, par suite du phénomène de *sporulation*.

J'ai étudié ailleurs[3] le rôle des substances R dans la formation des spores ; je me contente de rappeler en quelques mots les parties essentielles du phénomène.

Dans des milieux réalisant certaines conditions, le vieillissement à la condition n° 1 détermine une accumulation de substances de rebut, accumulation qui est surtout considérable dans l'intérieur des membranes cellulaires des vieilles bactéridies et qui y rend impossible la vie élémentaire manifestée. Alors, les substances plastiques se contractent au centre de la membrane en un granule fortement réfringent qui est la spore ; cette spore comprend toutes les substances plastiques du plastide à un état voisin du repos chimique, sinon au repos chimique

---

(1) Nous verrons, au chapitre iii, que cette réaction peut s'arrêter au bout d'un certain temps et donner, au lieu de mort élémentaire, une variation adaptative.

(2) Quand le milieu est véritablement limité et *non renouvelé*, ce qui n'a pas lieu dans l'organisme d'un animal, V. *l'Individualité*, op. cit., ch. x.

(3) *La Bactéridie charbonneuse*, p. 54, et *l'Individualité*, p. 99.

absolu, dans la plupart des milieux qui ne réalisent pas pour l'espèce considérée la condition n° 1.

Mais si on la transporte dans un milieu réalisant la condition n° 1, elle entre dans une période nouvelle d'activité chimique (germination) et produit des plastides semblables à celui d'où elle provient.

L'erreur individualiste et une comparaison illégitime avec les êtres supérieurs ont fait donner souvent à la spore la dénomination de corps reproducteur. Cette appellation n'est pas convenable, puisqu'un plastide quelconque à la condition n° 1 est reproducteur au même titre que la spore ; il faut voir seulement dans la spore une forme de résistance qui permet à l'espèce de traverser sans se détruire des conditions de milieu qui lui seraient fatales si elle s'y trouvait à tout autre état.

On donne souvent le nom de vie latente à l'état particulier de la spore.

Il faut remarquer que, lorsque tous les plastides provenant d'une spore donnée ont passé à l'état de vie latente, il semble en définitive que le résultat de tout cela soit la multiplication des spores. Il suffit de réfléchir pour voir que c'est une particularité corrélative de la propriété d'assimilation, l'ensemble des substances plastiques qui en résulte passant tout entier à la fois, sous une forme naturellement morcelée, à l'état de vie latente. La dénomination de corps multiplicateurs, quelquefois attribuée aux spores, est donc aussi une dénomination inexacte.

Enfin, il faut également remarquer, en terminant ces quelques considérations relatives à la sporulation, que le repos chimique réalisé dans la spore, même dans des milieux réalisant la condition n° 2 pour l'espèce correspondante, s'oppose, non seulement à la destruction de l'espèce, mais aussi à sa variation, puisque, nous le verrons dans le prochain chapitre, la variation spécifique est souvent une conséquence de la condition n° 2. La spore peut donc être considérée comme *fixant*, pour tout le temps qu'elle durera, les caractères spécifiques des plastides d'où elle provient [1], d'autres plastides semblables restés à l'état d'activité chimique, ayant pu varier dans le même temps ; et cela est important pour l'étude de l'hérédité.

[1] Il y a cependant certains cas très particuliers où la spore, sans avoir germé au préalable, peut subir des variations qui ne lui enlèvent pas sa propriété germinative ; voyez *la Bactéridie charbonneuse*, p. 113.

CHAPITRE III

VARIATION APPARENTE ET VARIATION VRAIE
VARIATION QUANTITATIVE

Ce qui nous frappe toujours d'abord, à la première observation d'un plastide, c'est naturellement la forme extérieure de ce plastide, bien plus que les manifestations de ses autres propriétés ; aussi attachons-nous toujours une grande importance à la constatation d'une variation morphologique, même très minime, dans une espèce donnée. Or, quelle peut être la nature des phénomènes d'où résultent les variations morphologiques des plastides ?

J'ai essayé de montrer ailleurs[1] que la forme spécifique d'un plastide n'est autre chose que la forme d'équilibre de ses substances plastiques *dans un milieu déterminé* réalisant pour ce plastide la condition n° 1. Cette forme d'équilibre peut donc changer, soit que les substances plastiques changent, soit que le milieu change.

Arrêtons-nous d'abord à ce second cas.

Nous savons, pour l'avoir maintes fois constaté[2], que la condition n° 1 peut être réalisée pour une

---

(1) Rev. phil., 1895, *La matière vivante*, p. 156, et *Théorie nouvelle de la vie*, livre II.

(2) Voyez plus haut, p. 10.

même espèce de plastides, dans des milieux très différents, autrement dit que l'on peut avoir dans deux cas différents une assimilation rigoureuse :

$$a + Q_1 = \lambda_1 a + R_1$$
$$a + Q_2 = \lambda_2 a + R_2$$

La rapidité de l'assimilation (valeur de λ pour un temps donné) et la nature des substances accessoires R changent seules avec la nature des aliments Q. Le plastide n'en manifeste pas moins sa vie élémentaire, dans les deux cas, de même qu'un chlorure manifeste sa nature de chlorure, aussi bien par le précipité blanc stable qu'il donne avec un sel de plomb que par le précipité noircissant à la lumière qu'il détermine dans un sel d'argent.

Cependant, les réactions d'où résultent, dans le premier cas, l'assimilation et R_1, dans le second cas, l'assimilation et R_2, sont certainement différentes ; il en est donc de même des conditions mécaniques réalisées pendant les réactions, et il n'y a rien d'étonnant à ce que la forme spécifique, conséquence directe de ces conditions mécaniques, diffère plus ou moins dans les deux cas.

Bien plus, les substances R produites au cours des réactions assimilatrices s'accumulent, les unes, liquides, dans le milieu qu'elles modifient d'autant, les autres, solides, au niveau du plastide qu'elles encroûtent [1], fixant ainsi, par un véritable durcissement, la forme d'équilibre réalisée *au moment même* de l'assimilation, par les conditions mécaniques concomitantes. La différence des substances R produites dans deux milieux différents s'ajoutera donc à la

(1) Voyez plus haut les considérations relatives à la nature de la membrane des plastides.

différence des conditions mécaniques résultant de réactions différentes pour réaliser une *variation morphologique*. Devrons-nous considérer cette variation [1] comme une variation spécifique véritable ?

Si nous nous plaçons au point de vue individualiste, nous le ferons sans doute, et, en cela, nous commettrons une erreur au point de vue chimique. Le *même* chlorure, je le répète, peut manifester dans différents cas, de différentes manières, sa propriété de chlorure. Il est vrai que sous la dénomination de plastide nous avons l'habitude de comprendre généralement les substances plastiques a et les substances R qui les encroûtent, de sorte que, si les substances R diffèrent, les plastides différeront. Mais il serait illogique de donner, quand on s'occupe de vie, c'est-à-dire d'assimilation, une importance aussi grande à des substances inertes résultant des réactions vitales qu'aux substances dont l'activité même détermine l'assimilation. Et d'ailleurs si on agissait ainsi, on rendrait le langage infiniment difficile et obscur, et c'est ce qui arrive malheureusement souvent, par suite de la confusion de la *variation apparente* dont nous venons de parler avec la *variation vraie* qui va nous occuper maintenant et qui ne peut se produire qu'à la condition n° 2.

La condition n° 2, c'est-à-dire l'ensemble des conditions réalisées dans un milieu où un plastide n'est ni au repos chimique ni à la condition n° 1, est, par définition même, accompagnée de destruction plastique, puisque, en dehors de la condition n° 1, les substances a ne peuvent réagir qu'en se détruisant en tant que composé défini comme les corps ordi-

---

[1] N'oublions pas que, par hypothèse, les milieux considérés réalisent tous deux pour l'espèce donnée la condition n° 1.

naires de la chimie. Donc, si aucun phénomène nouveau n'intervient, la condition n° 2, suffisamment prolongée, aura pour conséquence naturelle la mort élémentaire ou disparition de toutes les substances spécifiques du plastide.

C'est ici que prend place la variation vraie.

Soient, dans le cas le plus général, a, b, c, d, e, f, les substances plastiques d'un plastide donné A. La condition n° 2 détruira ces substances (ou au moins quelques-unes d'entre elles) et les transformera en d'autres [1] substances a', b', c', d', e', f', dont l'ensemble sera le cadavre de A ; ce cadavre aura le plus souvent conservé la forme spécifique [2] qui caractérisait A, à cause surtout des substances R solides encroûtant le plastide. Dans tous les cas, le plastide A, tel qu'il était rigoureusement défini par la nature et les proportions quantitatives de ses substances plastiques, *n'existera plus*. Il y aura à sa place une masse nouvelle de substances a' b' c' d' e' f' qui, le plus souvent, ne sera pas un plastide. L'observation prouve cependant que, dans certains cas, cet ensemble constitue un nouveau plastide capable de trouver sa condition n° 1 dans le milieu où le premier était à la condition n° 2. Le plastide disparu sera alors remplacé par un plastide nouveau qui lui succédera sans interruption en tant que masse séparée du milieu ambiant ; c'est pour cela qu'on dit que le plastide A *a varié* et s'est transformé en un plastide A' qui est adapté au milieu.

---

(1) Tout le raisonnement qui commence ici peut se faire, sans aucune modification, en admettant que quelques-unes seulement, ou même une seule des substances a, b, c, d, e, f, a été détruite, *même partiellement*, par la condition n° 2.

(2) Pseudomorphose du plastide A. (Voyez *Théorie nouvelle de la vie*, t. II .)

C'est la *variation vraie*.

Il suffit de raisonner un peu en se souvenant des résultats des expériences de mérotomie [1], pour comprendre combien sera fréquente une telle variation portant sur la *proportion des quantités* de substances plastiques constitutives.

VARIATION QUANTITATIVE

Considérons un plastide nucléé de grandes dimensions comme ceux sur lesquels on a pu pratiquer la mérotomie ; ses substances plastiques, quel que soit d'ailleurs leur nombre, sont réparties en deux groupes : le protoplasma P et le noyau N. A la condition n° 1, un tel plastide se multiplie, c'est-à-dire qu'il donne naissance à des plastides identiques à lui-même quant à la nature et à la proportion des quantités de substances plastiques constitutives ; le rapport $\frac{P}{N}$ est constant dans la série des plastides obtenus, par définition même de la condition n° 1.

Or, soumettons le plastide en question à une expérience de mérotomie ; enlevons-lui une certaine quantité de protoplasma sans toucher à son noyau, le mérozoïte obtenu aura une quantité de protoplasma P' pour une quantité N de substances nucléaires ; mais les expériences de mérotomie ont prouvé que l'assimilation continue dans ce mérozoïte nucléé ; le rapport $\frac{P'}{N}$ restera-t-il constant dans les plastides qui proviendront du mérozoïte en question ? Nous n'avons malheureusement aucun moyen de le véri-

______
(1) V. *Théorie nouvelle de la vie*, l. II.

fier pour les plastides susceptibles de mérotomie [1], car les relations de proportionnalité qui existent entre les quantités de substances protoplasmiques et nucléaires ne se traduisent à nous par aucun phénomène important, et, d'autre part, la mesure des quantités absolues de ces substances est de toute impossibilité ; nous ne pouvons donc pas savoir si la variation quantitative, déterminée mécaniquement par la mérotomie, sera conservée, *transmise héréditairement*.

La bactéridie charbonneuse jouit d'une propriété spéciale, manquant aux gros plastides susceptibles de mérotomie, et qui nous permettra de répondre à la question précédemment posée, ou au moins de nous rendre compte approximativement de ce qui résultera d'une variation quantitative, déterminée cette fois non mécaniquement, mais chimiquement par la condition n° 2. Cette propriété spéciale, susceptible de mettre en évidence des variations extrêmement minimes, est la virulence.

VIRULENCE. — Il serait difficile de parler de cette propriété toute spéciale, dont le réactif est l'organisme même des animaux supérieurs, si nous ne savions déjà que la *vie* de ces animaux supérieurs est le résultat d'une coordination établie, par le développement même, entre les éléments histologiques qui les constituent [2]. Une bactéridie est dite *virulente* pour un animal déterminé quand elle est susceptible

---

(1) Voyez Balbiani. *Recherches sur la mérotomie des infusoires ciliés*, et Le Dantec, *Etudes biologiques comparatives sur les rhizopodes d'eau douce*.

(2) Nous constaterons l'établissement de cette coordination au cours du présent ouvrage. Voyez aussi *Théorie nouvelle de la vie*, I. IV.

de se développer dans le milieu intérieur ou les tissus mêmes de cet animal. Naturellement, l'introduction de ce nouvel élément actif dans l'organisme modifiera (maladie) ou détruira définitivement (mort) la coordination caractéristique de l'organisme sain et quelle que soit la nature des modifications produites, nous en serons immédiatement prévenus par l'observation même grossière de l'animal malade. Cet animal constituera donc un réactif très précieux qui nous permettra de diagnostiquer des variations très minimes dans la nature chimique de la bactéridie, au moins en tant que ces variations modifieront l'aptitude de cette bactéridie à se développer dans l'organisme considéré.

Or, il arrive précisément que, dans des conditions physiques et chimiques très bien déterminées par M. Pasteur et ses élèves, la bactéridie peut devenir beaucoup moins virulente, ou même dépourvue de toute virulence pour les espèces animales qu'elle infecte le plus facilement dans les circonstances ordinaires.

« Maintenons au contact de l'air pur, entre 42 et 43°, une culture mycélienne (c'est-à-dire filamenteuse) de bactéridies, entièrement privée de germes. Alors apparaissent les très remarquables résultats suivants : Après un mois d'attente environ, la culture est morte. La veille et l'avant-veille du jour où se manifeste cette impossibilité de développement, et tous les jours précédents dans l'intervalle d'un mois, la reproduction de la culture est, au contraire, facile. Voilà pour la vie et la nutrition de l'organisme.

« En ce qui concerne sa virulence, on constate que la bactéridie en est dépourvue déjà après huit jours de séjour à 42 ou 43° et ultérieurement ; au moins ces cultures sont inoffensives pour le cobaye, le lapin et le mouton, trois des espèces animales les plus aptes à contracter le charbon. Nous sommes donc en possession, non seulement de l'atténuation de la virulence, mais de sa suppression en apparence complète, par un simple artifice de culture. En outre, nous avons la possibilité de conserver et de cultiver, à cet état inoffensif, le terrible microbe. Qu'arrivera-t-il dans les huit premiers jours à 43° qui suffisent à priver la bactéridie de toute sa virulence ? *Avant l'extinction de sa virulence, le microbe du charbon passe par des degrés divers d'atténuation*, et chacun de ces états de virulence atténuée peut être reproduit par la culture [1]. »

Voilà une variation chimique évidente et *continue pendant huit jours*, quoiqu'elle ne se traduise pas bien manifestement par une modification morphologique. Un simple raisonnement, basé sur la continuité même du phénomène, va nous montrer que cette variation est quantitative comme dans les expériences mécaniques de mérotomie et non qualitative.

D'une manière générale, nous avons appelé *variation vraie* le phénomène suivant : Un plastide $a\,b\,c\,d\,e\,f$ se trouvant à la condition n° 2, ses substances plastiques se transforment en un ensemble $a'\,b'\,c'\,d'\,e'\,f'$, et cette destruction chimique est arrêtée quand l'ensemble $a'\,b'\,c'\,d'\,e'\,f'$ est précisément un nouveau plastide qui se trouve à la condition n° 1 dans le milieu considéré. Cette définition est générale et s'applique aussi bien au cas où $a'\,b'\,c'\,d'\,e'\,f'$

---

(1) Pasteur, Chamberland et Roux. *De l'atténuation des virus et de leur retour à la virulence.* C. R. Acad. Sciences, 1881, p. 429.

sont qualitativement différentes de a, b, c, d, e, f qu'au cas où, la destruction des substances plastiques étant inégalement rapide pour chacune d'elles, a', b', c', d', e', f' ne diffèrent de a, b, c, d, e, f que par des coefficients quantitatifs.

Mais il est immédiatement évident que, dans le cas d'une variation *qualitative* atteignant toutes les substances plastiques d'un plastide, la mort élémentaire surviendra le plus souvent et ce sera déjà un hasard bien remarquable si, au cours de cette destruction à la condition n° 2, un ensemble $a'\,b'\,c'\,d'\,e'\,f'$ se trouve *une fois* réalisé, qui soit un plastide.

Dans le cas actuel, nous n'avons pas affaire à une transformation unique comme celle d'où résulte la bactéridie asporogène par exemple[1], mais *à chaque instant*, pendant les huit premiers jours de culture à 43°, le plastide *change* et reste à la condition n° 2, de telle sorte que, si *à chaque instant* on ensemence un peu de la culture dans un bouillon neuf, on obtient autant qu'on veut de cultures de plastides *différents*.

Il serait assez difficile de concevoir que ce nombre si grand de plastides différents résultât de transformations chimiques des substances plastiques $a\,b\,c\,d\,e\,f$ en d'autres substances plastiques *différentes* dont l'ensemble constituerait *à chaque instant* un plastide parfait. La continuité remarquable de la transformation à laquelle nous assistons nous conduit au contraire à croire qu'*aucune* de ces subtsances n'est qualitativement modifiée pendant la condition n° 2.

Nous nous rendons en effet très bien compte de ce qui se passe en supposant seulement que la con-

---

(1) Voyez *la Bactéridie charbonneuse*, p. 92.

dition nº 2, telle qu'elle est réalisée dans l'expérience
de MM. Pasteur, Chamberland et Roux, détruit inégalement vite les différentes substances plastiques,
hypothèse[1] qui n'a rien que de très vraisemblable.

Au bout de six jours par exemple, nous aurons un
plastide $\alpha_6 = \frac{a}{2} + \frac{b}{4} + c + d + e + f$. Transpor-
tons-le à la condition nº 1 ; il assimilera suivant la
formule :

$$\alpha_6 + Q_6 = \lambda_6 \alpha_6 + R_6,$$

et se multipliera par conséquent en donnant des
plastides α_6 identiques à lui-même et conservant les
mêmes proportions dans sa composition au moyen
des substances a, b, c, d, e, f. Or, l'expérience nous
apprend que ces nouveaux plastides ont la propriété
de donner des spores dans leurs cultures ; *la variation sera donc fixée*, puisque les spores se forment[2]
avant que l'accumulation de substances R soit devenue suffisante pour modifier de nouveau le plastide,
et nous aurons des cultures de plastides différents,
comme nous voudrons.

Si l'interprétation précédente est vraie[3], le phénomène de la variation causant l'atténuation de viru-

---

(1) Ce n'est même pas une hypothèse ; ce serait au contraire
une hypothèse et une hypothèse très hasardée que d'admettre
que les substances plastiques se détruisent également vite à la
condition nº 2, de telle sorte que leur proportion dans le plastide
reste la même et qu'il n'y ait pas variation quantitative.

(2) Voyez *la Bactéridie charbonneuse*, p. 51.

(3) Peu importe, d'ailleurs, pour les raisonnements qui sui-
vront, que cette interprétation soit exacte dans le cas précis de
l'atténuation de virulence de la Bactéridie charbonneuse ; il suffit que l'étude de cette atténuation nous ait conduit, par une
série de déductions logiques, à la notion importante de la variation quantitative dont nous trouverons des exemples très intéressants chez les êtres supérieurs.

lence se ramène, on le voit, à une expérience de mérotomie réalisée chimiquement. Comment cette mérotomie chimique peut-elle déterminer une atténuation de virulence? Il est facile de s'en rendre compte.

Soit b celle des substances plastiques de notre bactéridie qui se détruit le plus vite dans les conditions de l'expérience de MM. Pasteur, Chamberland et Roux. Tant que b ne sera pas entièrement détruite (pendant un mois), le reliquat sera toujours un plastide, capable, par conséquent, de se reproduire dans un milieu nouveau à la condition n° 1. Les expériences de mérotomie ont en effet prouvé qu'un mérozoïte contenant un peu de *toutes* les substances plastiques d'un plastide est doué de vie élémentaire [1]. Mais il faut remarquer que dans l'équation de l'assimilation :

$$\alpha_6 + Q_6 = \lambda_6 \alpha_6 + R_6.$$

le terme R varie avec la nature de α. Soit, en particulier, ρ, une substance qui, dans le terme R, dépend plus particulièrement de l'activité chimique de la substance b au cours de l'assimilation ; il va de soi que la quantité de substance ρ produite variera avec la quantité de substance b conservée par le plastide, et si cette substance ρ est particulièrement nuisible aux tissus du mouton [2], il en

(1) Mais aucune expérience ne permet d'énoncer la proposition réciproque, que l'ablation *totale* d'une des substances plastiques entraîne fatalement la mort élémentaire ; cela est vrai de l'ablation de *tout* le noyau ou de *tout* le protoplasma, mais on n'a jamais pu expérimenter séparément sur les diverses substances plastiques de ces deux éléments complexes.

(2) Cette hypothèse est tout à fait d'accord avec ce que l'on sait aujourd'hui des toxines ou poisons solubles produits par les micro-organismes ; une culture *filtrée* de bactéridies virulentes,

résultera que la diminution de substance *b* dans la bactéridie rendra cette bactéridie moins virulente pour le mouton. Une diminution d'une autre substance plastique pourrait se traduire d'une autre manière ; nous constatons plus facilement celles qui se manifestent par une atténuation de virulence à cause de l'extrême sensibilité de ce réactif pathologique.

Quoi qu'il en soit des hypothèses plus ou moins hasardées qui nous ont conduits à la notion de la variation vraie par modification du rapport des quantités de substances plastiques dans les bactéridies, cette notion a une grande importance pour les plastides en général, comme nous le verrons dans la suite. Mais si, dans le cas de la bactéridie charbonneuse atténuée, nous avons eu des raisons pour croire plutôt à l'existence d'une variation de cette nature, il ne faut pas, pour cela, renoncer à la notion également essentielle de la variation vraie par *modification qualitative* des substances plastiques ; c'est seulement ce mode de variation qui permet de concevoir la transformation des espèces de plastides les unes dans les autres ; je l'énonce donc à nouveau sous sa forme la plus générale :

VARIATION QUALITATIVE

Un plastide A composé des substances plastiques *a*, *b*, *c*, *d*, *e*, *f*, se trouvant à la condition n° 2, est condamné à la mort élémentaire ; mais il peut arriver qu'au cours de sa destruction, l'ensemble

---

peut, inoculée à un mouton, occasionner des désordres que ne produirait pas la culture *filtrée* de bactéridies atténuées. Voyez *la Bactéridie charbonneuse*, p. 24.

$a'\ b'\ c'\ d'\ e'\ f'$ qui résulte des transformations de A, constitue, à un moment donné, un autre plastide trouvant sa condition n° 1 réalisée dans le milieu d'où A a disparu à la condition n° 2. On dit alors que A s'est transformé dans un nouveau plastide A'. Il est bien entendu que, dans cette formule très générale, quelques-unes, ou même l'une seulement des substances $a'\ b'\ c'\ d'\ e'\ f'$ peuvent être différentes des substances correspondantes de A.

J'ai insisté un peu longuement, dans ce court résumé des propriétés essentielles des plastides, sur ces notions extrêmement importantes pour l'étude de l'hérédité.

La conclusion de tout le chapitre est qu'il faut distinguer pour les plastides :

1° La *variation apparente* qui se produit à la condition n° 1 quand on passe d'un milieu nutritif à un autre milieu également nutritif, mais différent du premier ; les substances R ont le plus souvent une grande influence sur cette variation, qui peut être morphologique ou physiologique.

2° La *variation vraie* qui se produit à la condition n° 2 et qui peut affecter deux formes :

α). La *variation quantitative* ou modification des proportions dans lesquelles les diverses substances plastiques concourent à la constitution du plastide considéré, sans que le moindre changement se produise dans la nature chimique de ces substances plastiques.

β). La *variation qualitative* ou modification chimique de la nature d'une au moins des substances plastiques du plastide considéré.

Il sera souvent difficile de distinguer entre les deux sortes de variations vraies ; mais, pour les plastides isolés au moins, il sera généralement possible de distinguer la *variation vraie* de la *variation apparente*. La dernière, en effet, produite par passage du milieu A au milieu B, ne résistera pas à une transplantation du plastide en question dans un autre milieu semblable à A ; le plastide transplanté pourra, lui-même, conserver la forme acquise dans le milieu B si cette forme a été fixée par des substances R solides, mais ses descendants au moins reprendront *immédiatement* tous les caractères de leurs grands ancêtres du milieu A primitif.

Au contraire, la *variation vraie*, qu'elle soit quantitative ou qualitative, subsistera indéfiniment, malgré tous les changements de milieu, *tant que le plastide en question restera à la condition n° 1* ; elle pourra disparaître ou être masquée par une nouvelle variation différente d'elle-même, quand le plastide considéré sera placé à la condition n° 2.

Malheureusement, cette constatation, possible en général pour les plastides isolés ou monoplastides, ne le sera que très rarement pour les éléments constitutifs des polyplastides, et ce sera là une des grandes difficultés de l'étude de l'hérédité.

CHAPITRE IV

SÉLECTION NATURELLE ET ADAPTATION

La condition n° 1 est toujours plus ou moins éphémère dans les milieux limités que nous connaissons ; l'assimilation détruit les substances Q et accumule les substances R dans les milieux de culture, de sorte qu'au bout d'un temps plus ou moins long, les plastides se trouvent à la condition n° 2 [1] dans la culture vieillie.

Or, à la condition n° 2, si elle est suffisamment prolongée, les plastides meurent ; si elle est interrompue avant la mort élémentaire (avant qu'une des substances plastiques ait eu le temps de disparaître tout à fait), il y a eu forcément variation quantitative, à moins que *toutes* les substances plastiques constituant le plastide aient été partiellement détruites avec la même rapidité, ce qui doit être évidemment un cas exceptionnel. En temps ordinaire, les alternatives de condition n° 1 et de condition n° 2, détermineront donc dans les milieux de culture limités l'apparition de *variétés* quantitatives.

Et ces variétés seront d'autant plus nombreuses que les milieux de culture sont forcément hétéro-

---

(1) Ou quelquefois à la condition n° 3. Voyez plus haut, *Spores et Sporulation*, p. 15.

gènes ; il y a, par exemple, plus d'oxygène à la surface libre et moins dans les profondeurs ; la condition n° 2 ne se réalisera donc pas avec les mêmes caractères en tous les points du milieu et, par suite, les variations quantitatives résultant de cette condition n° 2 seront différentes dans les différents points...

Rajeunissons la culture en renouvelant le milieu, la condition n° 1 se trouvera réalisée à la fois pour un grand nombre de variétés qui se multiplieront chacune pour son compte. Qu'arrivera-t-il de ce mélange d'activités parallèles et différentes ? C'est ce que va nous expliquer le principe de Darwin, la *sélection naturelle* ou *persistance du plus apte*.

Je considère un milieu confiné dans lequel il y a, à un moment donné, n plastides de même nature à l'état de vie élémentaire manifestée. Chacun d'eux assimile, c'est-à-dire, si nous le considérons, dans le langage ordinaire, comme un individu agissant, *tire à lui* les substances Q du milieu pour les transformer en substances plastiques et rejette dans ce milieu des substances R nuisibles à la vie élémentaire manifestée. Nous devons donc, si nous continuons à individualiser ces plastides, dire que leurs intérêts sont contraires puisqu'ils ont tous *besoin* des mêmes substances Q qui existent en quantité limitée dans le milieu.

Et ils ont besoin de ces substances Q pour rester à la condition n° 1, c'est-à-dire, somme toute, pour ne pas se détruire, pour *exister*, eux ou leurs descendants ; les substances Q détruites, le milieu réalise la condition n° 2 et les plastides *meurent* [1], à

___

[1] La mort élémentaire ne survient, nous venons de le voir, qu'au bout d'un temps suffisamment long de séjour à la condi-

moins que des circonstances particulières ne déterminent le repos chimique, la vie élémentaire latente pour ces plastides [1] (condition n° 3, spores). On peut donc dire que les plastides, tirant à soi, chacun pour son compte, les substances Q *nécessaires à tous*, LUTTENT POUR L'EXISTENCE.

Cette expression individualiste est absolument inutile, elle peut même être nuisible dans certains cas, mais j'ai dû présenter le raisonnement sous cette forme, pour arriver à définir l'expression célèbre de Darwin, la *lutte pour l'existence* ou *concurrence vitale*.

Dans le cas considéré de *n* plastides de même nature, les adversaires, tous égaux, doivent disparaître à la fois ; mais, en réalité, cela n'a jamais lieu car le milieu est hétérogène et il survient, par suite, toujours, des différences individuelles qui font que quelques-uns résistent plus longtemps à la condition n° 2. Dans une vieille culture de bactéridies asporogènes, par exemple [2], on constate que toutes les bactéridies ne meurent pas à la fois. Celles qui subsistent le plus longtemps sont dites *plus résistantes* DANS LES CONDITIONS CONSIDÉRÉES, et elles seules recommenceront à assimiler, si on sème dans du bouillon frais de la vieille culture. Les plastides qui auront subsisté *auront vaincu dans la lutte ;* nous

tion n° 2. Jusque-là, c'est la variation quantitative qui prend place ; mais, si le milieu n'est pas renouvelé, la mort élémentaire survient fatalement, à moins qu'il n'y ait sporulation.

(1) C'est ce dernier cas qu'on réalise pour la bactéridie charbonneuse dans les cultures faites en présence de l'oxygène libre. Mais cela tient à ce que, dans ces cultures, l'une des substances Q (oxygène) est en quantité illimitée. Dans un milieu vraiment confiné (vase scellé), c'est la mort élémentaire et non la sporulation qui survient.

(2) Voyez *la Bactéridie charbonneuse,* p. 98.

dirons que ce sont les plus résistants qui ont triomphé des moins résistants [1], quoique, en réalité, la destruction des uns et des autres ait été uniquement un résultat de la composition du milieu (condition n° 2) que tous les plastides, vainqueurs et vaincus, ont à peu près également contribué à modifier.

Au lieu de plastides semblables, supposons maintenant que nous mettions en présence dans un même milieu des plastides appartenant à des variétés différentes mais voisines, c'est-à-dire ayant des besoins analogues.

Empruntons d'abord un exemple très grossier à la bactéridie charbonneuse. Il existe une variété de cette bactéridie, la *bactéridie asporogène*, qui a la propriété de ne pas donner de spores dans les conditions où la bactéridie ordinaire en donne [2] : à part cela, les propriétés chimiques des deux variétés semblent à peu près les mêmes.

Faisons un mélange de bactéridies ordinaires et de bactéridies asporogènes, et cultivons-les dans le même milieu confiné. Au bout d'une quinzaine de jours toutes les bactéridies se rassembleront au fond du vase.

Prélevons, de jour en jour, une petite partie de ce dépôt ; il arrivera un moment où, en semant cette prise dans du bouillon frais, nous obtiendrons une culture pure de charbon sporogène. Dirons-nous que cette variété luttant avec le charbon asporogène

---

(1) C'est déjà la *persistance du plus apte* de Darwin ; on voit aisément que l'on serait arrivé à cette notion sans faire intervenir l'idée de lutte ; il a fallu, au contraire, que nous nous placions à un point de vue très spécial pour introduire cette idée dans le langage, comme elle se trouve dans la langue indivdiualiste courante.

(2) Voyez *la Bactéridie charbonneuse*, p. 92.

a triomphé de ce dernier et est restée seule maî-
tresse de la place? Nous pouvons le dire si nous
tenons à nous conformer au langage individualiste,
mais cela n'est guère utile. Que s'est-il passé en
effet?

La vie élémentaire manifestée de notre culture
mixte a transformé en condition n° 2, pour l'une et
l'autre variété, la condition n° 1 primitivement réalisée dans le milieu ; seulement, dans ces circonstances, la variété sporogène a donné naissance à
des spores capables de traverser, à l'état d'indiffé-
rence chimique, cette condition n° 2, tandis que la
variété asporogène est restée à l'état d'activité chimique et, par suite, de destruction plastique.

Au bout d'un temps suffisamment long, la mort
élémentaire aura donc atteint toutes les bactéridies
asporogènes, tandis que les spores des bactéridies
ordinaires seront restées intactes dans le liquide.
Des deux variétés, celle qui persistera dans les conditions précédentes sera donc celle qui sera *la mieux
armée* pour résister à la condition n° 2. Mais on
voit aisément que s'il y a lutte au sens établi à la
page précédente, et cela est vrai, la lutte n'est pas
cantonnée uniquement entre des plastides de variété
différente, mais se produit également entre des bactéridies de même variété. En effet, s'il n'y avait pas
eu de bactéridies sporogènes, les bactéridies asporogènes auraient néanmoins toutes disparu au bout
d'un temps suffisant, puisque leur vie élémentaire
manifestée aurait suffi à épuiser le milieu et à y
établir la condition n° 2. Dans tous les cas, par suite
de leur *inaptitude* à former des spores, ces bactéridies asporogènes se trouvent naturellement éliminées de la lutte ultérieure au profit des bacté-

ridies ordinaires ; ces dernières tirent un avantage de leur *aptitude* à sporuler. Il y a *persistance du plus apte par sélection naturelle.*

Cet exemple est très grossier, mais très frappant parce que le caractère qui constitue la supériorité d'une variété sur l'autre est immédiatement évident ; en général, dans les circonstances naturelles, la supériorité d'une variété *dans des conditions déterminées* ne se manifeste guère que par le résultat même, qui est *sa persistance* dans ces conditions. Voici un autre exemple bien plus intéressant, emprunté encore aux microbes virulents :

Qu'est-ce que la virulence ? C'est, par définition, l'*aptitude* d'un plastide à se multiplier dans le milieu intérieur ou dans les tissus *d'un animal déterminé.* Cette aptitude peut tenir à des propriétés très complexes, sécrétion de toxines, etc., etc. ; contentons-nous pour le moment, sans en approfondir le mécanisme, de constater cette aptitude de certains plastides à certaines CONDITIONS DÉTERMINÉES. Un microbe de virulence atténuée se trouvera être *moins apte* à se développer dans *ces conditions déterminées,* qu'un microbe d'une variété plus virulente. Je souligne avec intention « *conditionsd éterminées* », parce qu'on oublie trop souvent qu'il faut tenir compte des conditions extérieures quand on malmène, par suite d'une compréhension incomplète, l'admirable principe de Darwin. Tel microbe plus virulent pour le lapin, c'est-à-dire plus apte à se développer *chez le lapin* pourra être en même temps moins apte à se développer dans tel ou tel bouillon où prospérera, au contraire, une variété moins virulente pour le lapin. Il ne faut jamais oublier de spécifier les conditions.

Ceci posé, reportons-nous à l'expérience suivante [1] :

RETOUR A LA VIRULENCE. — Injectons à un mouton un mélange de bactéridies virulentes et de bactéridies atténuées par une culture prolongée vingt jours à 42° et demi en présence de l'oxygène. Le mouton mourra du charbon au bout d'un certain temps et si, à ce moment, nous étudions son sang, nous n'y trouverons plus que des bactéridies virulentes, comme il est facile de s'en rendre compte en cultivant *une seule* quelconque de ces bactéridies dans du bouillon frais. Quelle que soit la bactéridie choisie pour faire l'ensemencement, la culture obtenue sera virulente et non atténuée. Il n'y a donc plus de bactéridies atténuées dans le mouton. Ici encore il y aura eu persistance du plus apte ou, si l'on préfère, persistance du seul apte, puisque les bactéridies atténuées, même injectées seules, eussent été détruites. Il n'y a pas eu plus de lutte que dans le dernier cas, et cependant il y a eu tri, *sélection*, par le passage de la culture mélangée à travers l'organisme du mouton.

Cet exemple peut et doit se généraliser. Chaque fois que l'on introduit dans un milieu quelconque un mélange de certaines variétés de plastides, il y a toujours une *sélection* certaine en regard avec l'aptitude plus ou moins grande des diverses variétés à se développer dans ce milieu déterminé, *mais seulement avec cette aptitude spéciale ;* les plastides ensemencés pourront différer par d'autres caractères sur lesquels ce passage dans le milieu en question n'aura aucune influence.

(1) *Bactéridie charbonneuse,* p. 138.

Par exemple, si nous avons injecté à un mouton un mélange de bactéridies sporogènes et de bactéridies asporogènes d'*égale virulence*, nous trouverons, lors de la mort du mouton, des bactéridies tant sporogènes qu'asporogènes, parce que la faculté sporogène n'a aucune influence sur l'aptitude des plastides à se développer chez le mouton ; il n'y aura pas eu *sélection* entre les deux variétés de bactéridies par le passage à travers le mouton.

Au contraire, prenons un mélange de bactéridies asporogènes virulentes et de bactéridies sporogènes atténuées et cultivons-le dans un bouillon en présence de l'oxygène ; au bout d'une trentaine de jours, les bactéridies asporogènes auront disparu, quoique virulentes, les bactéridies sporogènes seront conservés quoique non virulentes [1], parce que la virulence n'a aucun rapport avec l'aptitude à se conserver longtemps dans une culture oxygénée en bouillon.

Il ne faut donc jamais perdre de vue que la sélection s'opère toujours entre les variétés qui diffèrent par leur aptitude plus ou moins grande à se multiplier DANS LES CONDITIONS CONSIDÉRÉES et seulement dans ces conditions. Plus apte ne veut pas dire plus fort, comme ont semblé le comprendre certains détracteurs de Darwin. Il y a des cas où le plus fort est le moins apte à résister...

Dans l'expérience, relatée à la page précédente, de l'injection à un mouton d'un mélange de bactéridies

---

[1] Troisième expérience complémentaire des deux précédentes : Inoculons à un mouton un mélange de bactéridies asporogènes virulentes et de bactéridies sporogènes atténuées ; dans le mouton mort nous ne trouverons plus que des bactéridies asporogènes parce que la faculté sporogène n'a rien à voir avec l'aptitude plus ou moins grande à se développer dans le mouton et qu'au contraire, la virulence seule intervient dans la sélection pour ce cas particulier.

virulentes et *atténuées*, il n'y a pas eu persistance
du plus apte, mais persistance du seul apte, puisque,
en réalité, les bactéridies atténuées, même injectées
seules, eussent fatalement toutes disparu. Nous
nous placerons dans un cas plus général, et par
suite plus intéressant, en supposant que nous injectons à un mouton un mélange de bactéridies toutes
virulentes, *mais de virulences différentes* pour le
mouton.

Nous devons d'ailleurs remarquer que ce cas est
très fréquent dans la pratique : les bactéridies cultivées dans des bouillons en présence de l'oxygène,
pendant assez longtemps, peuvent être et sont, en
réalité, souvent soumises à des conditions n° 2 différentes dans les différents points du milieu hétérogène où elles se trouvent ; elles subissent donc des
variations quantitatives qui déterminent des modifications de virulence au cours de leurs réensemence-
ments successifs, modifications de virulence qui ne
sont corrigées par aucune sélection, puisque, nous
venons de le voir, la virulence n'a aucun rapport
avec l'aptitude plus ou moins grande à se développer
dans les bouillons oxygénés. Aussi il arrive souvent
que les cultures, longtemps réensemencées à l'étuve,
ont perdu en partie leur virulence. On la leur rend
précisément par l'expérience qui nous occupe actuellement, le passage à travers l'animal relativement
auquel on étudie cette virulence.

Nous ne pouvons parler que de virulence moyenne
quand nous avons affaire à une culture contenant un
mélange de bactéridies de virulence différente, mais
nous nous rendons compte de ce que c'est qu'une
variation de la virulence moyenne, et nous disons
que cette virulence a augmenté quand la culture en

observation tue *plus vite* le mouton. Nous pouvons d'ailleurs en donner une interprétation, très simpliste il est vrai, en nous reportant à ce côté très restreint de la question, la substance nuisible ρ produite par l'activité spéciale de la substance plastique b au cours de l'assimilation.

Soit une bactéridie virulente, contenant la quantité b de cette substance plastique ; elle produira ρ dans un temps déterminé de vie élémentaire manifestée ; une bactéridie atténuée ne contenant que $\frac{b}{4}$ ne produira[1] dans le même temps que $\frac{\rho}{4}$ de sorte que la bactéridie virulente et la bactéridie atténuée produiront ensemble $\rho + \frac{\rho}{4}$ ou $\frac{5\rho}{4}$, quantité de substance nuisible que produiraient dans le même temps deux bactéridies de virulence moyenne, contenant $\frac{1}{2}\left(b + \frac{b}{4}\right)$ ou $\frac{5b}{8}$. Pour ce que nous avons à en faire, cette notion de la virulence moyenne est suffisante.

Eh bien ! inoculons à un mouton un mélange de bactéridies de virulence différente. Nous devons prévoir que, par définition même, les bactéridies plus virulentes prospéreront mieux que les moins virulentes, et que, par conséquent, la proportion des bactéridies plus virulentes dans le sang du mouton ira croissant par rapport à celle des moins virulentes, autrement dit, que la virulence moyenne augmentera ; or, c'est ce que l'expérience vérifie toujours.

Prenons maintenant une goutte du sang de ce premier mouton quand il mourra, et inoculons-la à

(1) Approximation assez grossière destinée à l'explication approchée du phénomène.

un second mouton ; la proportion des bactéridies
plus virulentes par rapport aux moins virulentes ira
en croissant, et, à la suite d'un nombre suffisant de
passages sur les moutons, nous aurons *exalté* au
maximum la virulence du sang charbonneux ; nous
aurons eu sélection naturelle, persistance des plus
aptes d'entre les bactéridies par rapport à l'organisme
du mouton.

C'est à cette exaltation de virulence par sélection
naturelle que se rapporte la belle expérience de
MM. Pasteur, Chamberland et Roux sur le retour à
la virulence du vaccin charbonneux [1].

« Quand la bactéridie charbonneuse a été privée
de toute virulence pour le cobaye, le lapin et le
mouton, on peut lui restituer son activité par des
cultures successives dans les corps de ces animaux.
La bactéridie inoffensive pour le cobaye de plusieurs
années, d'un an, de six mois, d'un mois, de quelques
semaines, de plusieurs jours, peut encore tuer le
cobaye d'un jour. Si alors on passe d'un cobaye d'un
jour à un autre par inoculation du sang du premier
au deuxième, de celui-ci à un troisième et ainsi de
suite, on renforce graduellement la virulence de la
bactéridie, ou, en d'autres termes, son pouvoir à se
développer dans l'économie. Bientôt, par suite, on
peut tuer le cobaye de trois et de quatre jours, d'une
semaine, d'un mois, de plusieurs années ; enfin,
les moutons eux-mêmes. La bactéridie est revenue

_____

(1) Il n'est pas inutile de faire remarquer que cette remarquable expérience doit sa réussite au fait que la propriété de
virulence de la bactéridie se trouve être de même nature pour
les souris, cobayes, lapins, moutons, etc. Il n'en est pas de
même de tous les microbes pour tous les animaux ; le rouget
du porc par exemple est atténué pour le porc par les passages
sur le lapin qui l'exaltent pour le lapin.

à sa virulence d'origine et elle la conserve indéfiniment si on ne fait rien pour l'atténuer de nouveau [1]. »

ADAPTATION AU MILIEU. — Jusqu'ici nous avons assisté à la sélection naturelle s'exerçant entre des variétés *préexistantes*, dans un milieu limité ; lorsqu'une espèce *varie* dans un milieu limité, la sélection, s'exerçant *sans cesse* entre les variétés produites à chaque instant, ne laisse persister que les plus aptes à vivre dans les conditions du milieu considéré, de telle sorte qu'on peut dire que la sélection *guide* la variation [2] et en fait une *adaptation au milieu ;* c'est même là qu'il faut chercher la source de l'erreur des néo-Lamarckiens qui voient dans cette adaptation profitable le résultat d'un effort intelligent de l'espèce elle-même.

Le dernier exemple cité du retour à la virulence d'une culture atténuée est même en réalité un exemple d'adaptation au milieu ; nous avons pu nous l'expliquer par la seule sélection naturelle en considérant la culture atténuée comme un mélange de cultures de virulences différentes, ce qui n'était pas invraisemblable comme première approximation. Une expérience de Mlle Tsiklinski [3] ne permet pas de s'en tenir à cette manière de voir et démontre que ce n'est pas seulement la virulence moyenne qui est faible dans un vaccin charbonneux, mais bien la viru-

---

(1) Straus. *Le charbon des animaux et de l'homme*, p. 146.

(2) Mais ce n'est qu'une manière de parler ; en réalité, la variation se fait au gré des diverses conditions n° 2 réalisées dans les milieux, et par conséquent dans des voies fort diverses. La sélection ne la guide pas, mais fait disparaître naturellement les variétés inaptes à prospérer dans le milieu considéré.

(3) *Recherches sur la virulence de la Bactéridie*. Ann. Institut Pasteur, VI, 1892.

lence absolue de chaque bactéridie considérée individuellement ; autrement dit, qu'on ne peut admettre,
dans les cultures de bactéridies atténuées, l'existence
d'une seule bactéridie douée du maximum de virulence.

. On avait déjà pu se rendre compte, par des ensemencements fractionnés, que les différences individuelles de virulence entre les diverses bactéridies
d'une culture atténuée sont beaucoup moins considérables que celle qui sépare la virulence moyenne
du vaccin de la virulence du charbon tuant les moutons. L'expérience de Mlle Tsiklinski est encore plus
décisive.

Dans ces expériences un *bâtonnet isolé* de vaccin
très faible a donné naissance, sur plaque de gélatine,
à la colonie employée pour faire les ensemencements
comparatifs, ce qui permettait de ne pas tenir
compte des différences individuelles préexistant
dans le vaccin étudié. Malgré cela, il y a eu renforcement graduel de virulence par des passages de
lapin à lapin, de telle manière que l'on était forcé
de conclure que la *virulence moyenne* de la culture
provenant du dernier lapin était *plus grande* que
celle de la bactéridie isolée ayant servi de point de
départ, ce qui nécessitait, dans ce dernier lapin, la
présence de bactéridies *individuellement beaucoup
plus virulentes que la bactéridie ayant servi de point
de départ*. La sélection naturelle ne peut avoir suffi
à produire ce résultat ; il faut que de nouvelles
variations se soient produites. Ce sont ces nouvelles
variations, déterminant de nouvelles variétés parmi
lesquelles la sélection naturelle conserve les plus
aptes, qui constituent *l'adaptation au milieu* dans
son sens le plus général.

L'expression souvent employée de *retour à la virulence* donne en quelque sorte une idée erronée du processus par lequel une bactéridie atténuée peut donner des descendants virulents ; cette expression semble impliquer une transformation chimique inverse de celle qui avait produit l'atténuation, ou, pour employer le langage imagé de tout à l'heure, une *augmentation* de la proportion de substance b dans les plastides.

Mais nous savons que les variations ne peuvent se produire qu'à la condition n° 2, et condition n° 2 est synonyme de destruction plastique. Comment donc expliquer cette augmentation *relative* de substances b ? Évidemment par une diminution des autres substances plastiques des bactéridies.

Le milieu animal est extrêmement hétérogène, et la condition n° 2 peut, par suite, se produire en divers points d'une infinité de manières. Peut-être, en certains points, la substance b disparaît-elle tout à fait et alors les bactéridies correspondantes sont condamnées à la mort élémentaire ; en d'autres points, ce sont les autres substances plastiques qui sont détruites et, en particulier, ce que l'expérience démontre, précisément par le phénomène du retour à la virulence, il y a des endroits où toutes les substances plastiques sauf b sont détruites plus vite que b, de telle manière que la proportion relative de b par rapport aux autres substances bactéridiennes devienne celle d'une grande virulence ; mais si cette bactéridie ainsi modifiée se trouve ramenée par les mouvements du milieu intérieur dans un endroit où elle est à la condition n° 1, elle assimile, devient une bactéridie virulente complète et donne naissance à des bactéridies virulentes complètes que la sélection naturelle préserve à cause de leur aptitude spéciale.

Or, précisément, dans le milieu intérieur d'un mouton, la bactéridie ne donne pas de spores, de telle sorte qu'aucune des variations ne se trouve fixée, à un moment donné, à l'état permanent. Ce sont des conditions excellentes pour que la sélection naturelle s'exerce à chaque instant et favorise la multiplication du plus apte au détriment du moins apte, et que, par conséquent, ceux des plastides qui ont subi une variation dans le sens de l'augmentation de virulence deviennent à chaque instant plus nombreux par rapport aux autres.

La virulence est donc récupérée par une bactéridie atténuée, et cependant l'expression « *retour à la virulence* » est mauvaise à cause du mot retour qui semble impliquer, je le répète, une transformation chimique inverse de celle qui avait produit l'atténuation. En réalité, la bactéridie virulente récupérée diffère peut-être plus de la bactéridie virulente initiale, au point de vue des proportions des quantités de substances plastiques, que la bactéridie atténuée intermédiaire; elle n'en est plus voisine qu'au point de vue de l'abondance de la substance b', mais elle peut en être plus différente au point de vue des autres substances plastiques pour lesquelles nous n'avons pas de réactif aussi sensible que la virulence.

J'insiste avec intention sur cette remarque qui a une importance générale en biologie. On est trop souvent tenté de croire à la réalité du retour au point de départ dans ce qu'on appelle les cycles évo-

(1) Je conserve cette forme de langage comme plus frappante quoiqu'elle s'appuie en réalité sur une hypothèse qui n'est que vraisemblable.

lutifs ; nous le verrons amplement plus tard. Je reviens aussi, à propos de ce phénomène du retour à la virulence, sur la nécessité de ne jamais oublier que la sélection naturelle détermine la survivance du mieux adapté *aux conditions considérées.* Par exemple, des conditions chimiques *analogues*[1] à celles qui sont réalisées dans le sang d'un animal seront réalisées dans le sérum extrait de cet animal, mais l'aptitude à se développer dans le sérum est d'*un autre ordre* que l'aptitude à se développer dans l'animal ; la lutte avec le milieu est différente dans les deux cas[2] ; dans le second, elle est en rapport direct, par définition même, avec l'augmentation de virulence, dans le premier elle ne l'est pas ; aussi,

(1) Et non identiques.

(2) Autre exemple très caractéristique : « Le rouget du porc peut aussi se communiquer au pigeon et au lapin ; si on inocule dans les muscles pectoraux d'un pigeon le microbe du rouget pris sur un porc malade, le pigeon meurt en six à huit jours.

« ... Le sang de ce premier pigeon inoculé à un second, le sang de celui-ci à un troisième et ainsi de suite ; la maladie s'acclimate sur le pigeon, le rend plus rapidement malade, le tue plus vite, et le sang du dernier pigeon, reporté sur le porc, y manifeste une virulence supérieure à celle des produits les plus infectieux d'un porc mort du rouget même spontané, Il y a donc ici augmentation de la virulence pour le porc en passant à travers le pigeon. Le maximum auquel atteint un virus par un passage sur une race n'est donc pas toujours le maximum pour la race,

« Voilà le cas de l'augmentation, voici maintenant le cas de l'atténuation sur lequel je veux surtout appeler l'attention.

« Remplaçons le pigeon par le lapin dans cette série d'expériences. Le microbe s'acclimate encore sur le lapin, tous les lapins meurent.

« Vient-on à inoculer aux porcs le sang des derniers lapins par comparaison avec celui des premiers de la série, on constate une diminution progressive de la virulence. Bientôt le sang des lapins, inoculé aux porcs, ne les tue plus. » (DUCLAUX. *Pasteur*, p. 382.) Il faut se garder d'attribuer au mot *virulence* une valeur absolue ; il faut dire *virulence pour le lapin, virulence pour le pigeon.* Avec cette réserve des CONDITIONS CONSIDÉRÉES, les observations précédentes, loin d'infirmer le principe de la sélection, en sont une démonstration éclatante.

dans le second cas, elle se traduit par une augmentation de virulence ; dans le premier, par des variations que nous ne savons pas constater et qui peuvent correspondre à des virulences différentes...

Les considérations précédentes montrent l'extrême complexité de la question des variations et en même temps l'utilité immense du principe de Darwin qui nous sert de fil d'Ariane à travers tous ces dédales. *Chaque fois qu'il semble en défaut, c'est qu'il y a eu analyse incomplète du phénomène.*

J'ai dû emprunter tous les exemples de variation quantitative chez les monoplastides aux faits d'atténuation ou d'exaltation de virulence, parce qu'il n'existe aucune autre série de variations des monoplastides pour l'étude desquelles nous ayons un réactif d'une sensibilité comparable à celle de l'infection des animaux supérieurs. Plus tard, dans l'étude des êtres polyplastidaires, nous trouverons un réactif encore plus sensible des variations des œufs dans le développement même qui a ces œufs pour point de départ ; mais partout le principe de Darwin nous sera un auxiliaire incomparable pour l'interprétation des faits.

Ce qu'il faut retenir, en résumé, de l'ensemble de ce chapitre, c'est le principe de l'adaptation au milieu. Peut-être, dans certains cas, l'adaptation est-elle immédiate, comme nous avons dû le supposer au commencement du chapitre sur la variation, dans le cas d'une variation qualitative qui fait que l'ensemble $a'\,b'\,c'\,d'\,e'\,f'$ se trouve à un moment donné être un plastide et un plastide nouveau qui rencontre la condition n° 1 dans le milieu où il s'est formé. Mais ce cas est probablement rare, tandis que celui d'une variation qualitative ou quantitative guidée par la sélection naturelle et devenant ainsi adaptative est la règle la plus ordinaire.

Je n'ai parlé que de la sélection s'exerçant entre variétés de même espèce, parce que c'est surtout à ce genre de sélection que nous aurons affaire dans l'étude du développement individuel des êtres poly-plastidaires, mais la sélection naturelle se produit de la même manière entre espèces différentes[1].

(1) Voyez *la Bactéridie charbonneuse*, § 28.

CHAPITRE V

PREMIÈRE NOTION DE LA CORRÉLATION

Le principe de la corrélation qui aura une importance si grande dans l'étude des êtres supérieurs, se manifeste déjà à nous, à propos des êtres monoplastidaires, comme une conséquence immédiate du principe de la sélection adaptative.

Considérons un milieu très limité (ou, ce qui revient au même, une portion assez bien limitée d'un milieu plus vaste, *pour que les échanges puissent être considérés comme ayant lieu rapidement entre tous les points de cette portion restreinte et seulement entre eux*), et supposons que ce milieu contienne à un moment précis t_0, outre une quantité déterminée de substances chimiques déterminées (termes Q et R pour beaucoup d'espèces plastidaires) un nombre donné n de plastides d'espèces données occupant des places données. Quelques-uns de ces plastides seront à la condition n° 1, d'autres à la condition n° 2, d'autres à la condition n° 3 au moment précis t_0.

Au bout d'un temps très court dt, tout aura changé dans le milieu par suite de l'activité chimique des plastides qui sont à la condition n° 1 et à la condition n° 2. Des substances Q auront été consommées, des substances R produites par les plastides à la condition n° 1 ; des substances d'ordre différent auront été consommées et produites par les plastides à la condition n° 2 ; enfin des changements se seront produits dans les positions occupées par ceux des plastides qui sont mobiles.

Au temps précis $t_0 + dt$, les CONDITIONS auront changé pour *tous* les plastides du milieu, par suite même de l'activité chimique de tous les plastides du milieu ; autrement dit, il sera impossible de suivre et de comprendre l'histoire de chacun des plastides du milieu, sans tenir compte, parallèlement, de celle de *tous* les autres plastides.

Il pourra y avoir, pour les divers plastides considérés isolément, passages de la condition n° 1, n° 2 ou n° 3 à telle ou telle autre des trois conditions, et le résultat total de cette série de passages sera, à chaque instant, une sélection adaptative comme nous l'avons vu plus haut, mais il ne faut pas oublier, ce que nous avons spécifié avec soin dans le chapitre précédent, que le mot *adaptation* se rapporte à chaque instant aux conditions ambiantes existant *à cet instant précis*, et que, par conséquent, nous assisterons pour chaque plastide, dans le milieu restreint considéré, à des adaptations successives, constamment en rapport avec l'histoire de *tout* le milieu restreint considéré. Les variations retentiront sans cesse les unes sur les autres ; elles seront CORRÉLATIVES. Et ceci n'est pas l'expression d'un principe nouveau ; c'est, si l'on réfléchit bien, l'énoncé d'une vérité évidente ; mais il est essentiel d'avoir un mot précis et simple, le mot *corrélation*, qui rappelle facilement tout ce que nous venons de dire dans les phrases précédentes.

Il est bien certain que ce principe de la corrélation n'est pas plus spécial aux êtres vivants qu'aux substances brutes, mais on l'oublie plus souvent pour les êtres vivants, à cause de la notion d'individualité qui fait considérer chaque être comme ayant en soi un principe d'action indépendant ou à peu près des circonstances extérieures.

En outre, il était essentiel d'avoir bien défini le principe de la corrélation, car on le confond souvent, à propos des êtres polyplastidaires supérieurs, avec celui de la coordination nécessaire au maintien de la vie générale de l'être complexe, ou qui même est précisément cette vie générale. Nous verrons ultérieurement, il est vrai, que la coordination est une conséquence de la variation corrélative des divers plastides de l'agglomération au cours du développement individuel et de la sélection naturelle s'exerçant cette fois, non plus entre les plastides eux-mêmes, mais entre les individus polyplastidaires ; néanmoins, cette coordination est quelque chose de plus que la corrélation dont nous sommes témoins en observant un bocal qui contient une infusion de foin ; la preuve en est qu'elle est susceptible d'être détruite (mort) tandis que, nous aurons beau introduire tel ou tel élément nouveau dans notre bocal, il y aura *toujours* corrélation.

Immunité. — Quoiqu'il soit un peu tôt pour parler d'une coordination dont nous n'avons pas encore étudié la genèse, nous allons emprunter à cette coordination un réactif sensible pour l'étude d'un exemple intéressant de corrélation, l'*immunité*. Il suffira de savoir que la coordination existe chez un animal supérieur ; nous savons, sans analyser profondément les phénomènes, constater que cette coordination est conservée, menacée ou détruite (santé, maladie, mort), et cela suffit à nous donner le réactif dont nous avons besoin.

Dans les deux chapitres précédents, nous avons pris comme exemples, pour l'étude de la variation et de la sélection, les microbes pathogènes, et nous avons considéré les animaux supérieurs comme de simples réactifs de leurs variations de virulence. Nous avons vu, par exemple, la bactéridie s'adapter, s'aguerrir[1], par suite de la lutte avec des organismes supérieurs (retour à la virulence). Mais il faut considérer, dans la bataille, le sort des deux partis en présence, la bactéridie et le milieu, d'autant que, dans le cas considéré, le milieu est lui-même un organisme vivant.

Introduisons des bactéridies dans l'organisme d'un mouton. Il y avait, jusqu'à ce moment, coordination, et, par suite de leur influence réciproque, tous les éléments histologiques pouvaient[2] trouver réalisée dans *le milieu intérieur commun* la condition n° 1. Voici qu'un nouvel arrivant s'empare de certaines substances Q et déverse dans le milieu intérieur des substances R nouvelles. La coordination[3] est momentanément détruite, il y a maladie. Or, le milieu intérieur d'un mouton, sans cesse brassé par la cir-

---

(1) Ceci est une expression imagée, comme nous l'avons vu plus haut, p. 33.

(2) Je dis « *pouvaient* » parce qu'en réalité, comme nous le verrons plus tard, il y a, dans les animaux supérieurs, des alternatives de condition n° 1 et de condition n° 2 pour presque tous les éléments histologiques ; ce sont même ces alternatives qui déterminent l'état adulte. (Voyez *Théorie nouvelle de la vie*, livre IV.)

(3) Chez l'adulte au moins, cette coordination peut se considérer comme un équilibre dynamique ; la maladie est la destruction momentanée de cet équilibre.

culation, peut être considéré comme le milieu restreint dont nous parlions tout à l'heure et dans lequel des échanges rapides étaient possibles entre les différents points du milieu. Donc il va y avoir variation corrélative dans tout l'ensemble de l'animal c'est-à-dire variation plus ou moins considérable de tous les plastides du milieu intérieur; à l'équilibre de la santé, succède une période de désordre, la maladie. Cette maladie se terminera par la guérison (équilibre dynamique nouveau) ou par la mort. Dans le cas de la mort, l'organisme du mouton devient tout à fait comparable au milieu limité de l'infusion de foin dont nous parlions tout à l'heure, et ne présente plus, par suite, aucun intérêt particulier. Occupons-nous donc du cas de la guérison.

Il n'est pas impossible qu'une guérison survienne sans qu'il y ait destruction complète de l'élément parasite introduit; on connaît des cas d'adaptation réciproque, de symbiose [1]; mais ce n'est pas ce qui se passe pour l'infection charbonneuse, dans laquelle la guérison survient seulement par destruction totale de l'élément infectant. Un raisonnement individualiste pourrait faire croire que le mouton guéri est redevenu identique à ce qu'il était avant l'infection, *ce qui est faux;* et, en effet, l'animal est devenu réfractaire; une nouvelle inoculation de charbon ne le rend plus malade, *il a donc changé*, quoique son aspect extérieur soit le même et il y a là un bel exemple de variation corrélative des éléments histologiques [2].

---

(1) La formation d'une symbiose est d'ailleurs aussi un cas de modification corrélative.

(2) En restreignant intentionnellement (quoique cela soit probablement contraire à la vérité absolue et à la corrélation géné-

rale) le nombre des éléments histologiques qui jouent un rôle dans cette variation adaptative, j'ai donné dans la *Bactéridie charbonneuse*, une explication élémentaire de l'immunisation : « Soient X, Y, Z, trois espèces d'éléments histologiques qui sont particulièrement gênés par l'introduction de la Bactéridie. De même que dans les cultures contenant plusieurs espèces de plastides, il y aura lutte pour l'existence entre ces éléments et l'envahisseur. Parmi les plastides de l'espèce X, par exemple, il y a des différences individuelles, comme nous l'avons vu pour tous les plastides. (ou même il en naît par suite même de la condition n° 2 réalisée par l'introduction de la bactéridie). Si tous succombent dans la lutte avec la bactéridie, la disparition de tous les éléments d'une espèce histologique détruira la coordination qui régnait; la maladie se terminera par la mort.

« Mais si quelques-uns résistent, ce seront, naturellement, *ceux qui résistent le mieux* à l'influence nuisible de la bactéridie, les plus aptes à lutter contre l'infection parasitaire. Il en sera de même des plastides des espèces Y et Z. Par conséquent, si les circonstances sont telles que la bactéridie soit complètement détruite au cours de la lutte qu'elle livre, dans le milieu intérieur, aux éléments X, Y, Z (guérison de la maladie), ceux des plastides X, Y, Z, qui auront subsisté seront les plus aptes à lutter contre la bactéridie. Ils se multiplieront ensuite à la condition n° 1, c'est-à-dire que chacun donnera naissance, pour remplacer les éléments similaires détruits, à des plastides *identiques* à lui-même, et, par conséquent, tous les plastides X, Y, Z, qui constitueront le corps de l'animal guéri seront *plus aptes* à résister au charbon.

« C'est la modification de l'organisme correspondant au retour à la virulence des bactéridies atténuées.

« Quand l'animal succombe, ce sont les bactéridies les plus virulentes, c'est-à-dire les plus aptes à lutter contre X, Y, Z, qui persistent.

« Quand l'animal guérit, ce sont les plastides X, Y, Z, les plus aptes à lutter contre les bactéridies, qui persistent,

« Une bactéridie de virulence exaltée par le passage à travers un animal qui a succombé tuera plus facilement un autre animal de même espèce, sera mieux armée pour lutter contre ce nouvel hôte et déterminera plus rapidement sa mort.

« Un mouton de résistance exaltée par le passage, à son intérieur, de bactéridies qui ont succombé, tuera plus facilement d'autres bactéridies de même espèce, parce que les plastides X, Y, Z, qui lui restent, sont mieux armés pour lutter contre ces nouveaux parasites et détermineront plus rapidement leur mort. Il n'y aura pas récidive de la maladie. »

Ce parallélisme, facile à établir entre l'immunité et la virulence, est intéressant au point de vue de l'étude de la variation, parce qu'il permet de supposer que, dans le mécanisme de la vaccination, les éléments histologiques X, Y, Z, sont comme les bactéridies qui s'atténuent, le siège d'une variation quantitative (modification des proportions relatives des substances plastiques qui les constituent), et cette remarque sera utilisée ultérieurement.

Les mots *immunité* appliqué à l'animal supérieur et *virulence* appliqué au microbe, sont synonymes puisque ces deux expressions indiquent l'une et l'autre que l'être auquel elle est appliquée triomphera de l'autre dans la lutte. On pourrait dire que l'organisme du mouton est virulent pour le premier vaccin charbonneux...

Un mouton qui aura résisté à une infection charbonneuse et se sera débarrassé de toutes ses bactéridies sera plus apte à se défendre contre une nouvelle infection, sera immunisé par sa première maladie. C'est le principe des vaccinations. Mais, en vertu de la variabilité, le résultat de la vaccination ne sera pas d'une durée illimitée ; tant qu'il y avait des bactéridies dans l'organisme, la lutte pour l'existence déterminait le tri, la sélection naturelle des plastides X, Y, Z, les plus résistants par rapport à l'infection charbonneuse. Dès qu'il n'y aura plus de bactéridies, comme l'aptitude à lutter contre cette espèce microbienne peut être tout à fait différente de l'aptitude à lutter contre les autres cellules de l'organisme, la variation de ces éléments X, Y, Z, dirigée par une sélection d'un autre ordre ou laissée sans sélection (apparente), détruira petit à petit les effets de la vaccination ; l'immunité disparaîtra petit à petit.

Cette disparition progressive de l'immunité est parallèle à la diminution de virulence d'une culture transportée de bouillon en bouillon plusieurs fois de suite ; l'aptitude à se développer dans le bouillon étant d'un autre ordre que l'aptitude à se développer dans un mouton, la sélection qui proviendra de la culture en bouillon sera toute différente de celle qui provient du passage sur un mouton ; les variations pourront s'accumuler dans un sens tout différent ; la culture pourra perdre petit à petit sa virulence. Elle la récupérera si une nouvelle sélection est opérée par un passage à travers un nouveau mouton. De même, le mouton qui aura perdu son immunité la retrouvera si une nouvelle injection de vaccin détermine une nouvelle sélection des plastides X, Y, Z les plus résistants au charbon.

Dans toutes les pages précédentes, nous avons parlé de la sélection comme d'un facteur qui détermine tels et tels effets ; en réalité ce n'en est pas un ; c'est un mot commode pour rappeler un ensemble de phénomènes qui se passent *toujours;* il y a dans chaque cas et à chaque instant, persistance du plus apte *dans les conditions considérées*, et cela, par définition même du *plus apte*. Le principe de Darwin est l'expression d'une vérité *évidente*, mais il est infiniment utile parce qu'il permet de résumer en un seul mot un ensemble de conditions et de résultats extrêmement complexe...

CHAPITRE VI

Jusqu'ici, nous n'avons pas éprouvé le besoin de parler d'hérédité dans l'histoire des monoplastides ; nous avons pu exposer, sans recourir à cette expression, toutes les particularités fondamentales de l'histoire de ces êtres simples, mais, puisque toutes ces études préliminaires sont destinées à nous conduire à la compréhension de l'hérédité chez les êtres élevés en organisation, il n'est pas inutile de voir ce que peut donner l'emploi de cette expression individualiste chez les êtres unicellulaires.

Et d'abord, il faut remarquer que, chez les plastides scissipares, le père disparaît en donnant naissance à deux fils qui comprennent toute sa substance ; aussi l'emploi de l'expression hérédité serait-il plus logique si l'on considérait, au lieu des plastides eux-mêmes, les colonies qu'ils constituent (comme les filaments formés de bactéridies juxtaposées par exemple) et les rapports des colonies mères aux colonies filles dérivant d'un article détaché de la colonie mère. Mais il est vraiment difficile d'individualiser, dans le langage même le moins précis, des colonies de forme aussi essentiellement variable au moins chez les monoplastides vraiment inférieurs ; d'ailleurs il n'y a de comparables que les monoplastides eux-mêmes et nous ne parlerons que d'eux ici, nous réservant d'étudier ensuite l'hérédité des végétaux inférieurs à morphologie définie.

Considérons par exemple la bactéridie charbonneuse, puisqu'elle nous a servi de type jusqu'ici; il nous faut un point de départ précis pour savoir de quoi nous parlons au milieu de ces variations incessantes. J'en prends donc une déterminée A_0 existant au temps t_0 dans un milieu favorable déterminé, dans l'organisme d'un mouton par exemple; je suppose qu'elle jouisse du maximum de virulence pour le mouton et que sa composition soit, au temps t_0, qualitativement et quantitativement, a, b, c, d, e, f, g.

Elle est, dans le mouton, à la condition n° 1 et elle s'y multiplie par conséquent en donnant 2, 4..... 2^n bactéridies, rigoureusement identiques à elle-même tant que la condition n° 1 persistera pour elles toutes. Donc, à la condition n° 1, *dans un milieu donné*, l'hérédité est absolue par définition même; *tous* les caractères des ancêtres sont intégralement transmis aux descendants, et nous pouvons prendre comme point de départ d'une nouvelle série de bipartitions indifféremment n'importe lequel des plastides dérivant de A_0; nous avons même le droit de les appeler rigoureusement A_0 comme leur ancêtre.

Mais le mouton meurt et les conditions changent. Evitons, pour le moment, d'avoir affaire à la condition n° 2 et inoculons immédiatement A_0 à un rongeur, cobaye ou souris. Notre bactéridie virulente se trouvera à la condition n° 1 dans le milieu intérieur de ce nouvel hôte et s'y multipliera suivant une assimilation rigoureuse; la proportion des substances plastiques constitutives restera donc rigoureusement la même quoique le milieu ait changé, mais, comme le milieu a changé, les conditions mécaniques qui limitent les dimensions des plastides ont aussi changé, et en effet, Huber [1] a constaté que les bactéridies sont plus courtes chez les ruminants, plus longues chez les cobayes et les souris.

Voilà donc des bactéridies A_1 qui sont composées des mêmes substances plastiques que A_0 et dans les mêmes proportions, mais qui sont plus grandes. C'est une variation morphologique *apparente*, comme nous l'avons vu plus haut, puisque A_1, inoculé à un mouton, donnera immédiatement des descendants A_0. Il pourra y avoir en outre d'autres différences individuelles entre les bactéridies A_0 et A_1 tenant à la différence des substances R qui proviennent d'une assimilation rigoureuse dans des milieux différents. Par conséquent, en employant le langage individualiste qui consiste à comprendre sous la dénomination A_0, A_1, l'ensemble de *toutes* les substances, plastiques ou autres, qui existent dans un article bactéridien, nous n'avons plus le droit de dire que l'hérédité est absolue de A_0 à A_1, puisque A_0 n'est pas identique à A_1. Et cependant A_0 et A_1 ne sont que des formes d'équilibre différentes dans des milieux différents, de deux masses de substances plastiques rigoureusement identiques, comme nature chimique et comme proportion quantitative.

Le langage individualiste introduit donc une difficulté que l'on peut tourner, dans le cas actuel, en disant : « L'hérédité est absolue à la condition n° 1, sauf *variation apparente*. » Ce qui est suffisamment clair, puisque nous avons défini la variation apparente, d'une manière précise. Mais il suffit de réflé-

____

(1) Huber. *Experimentelle Studien über Milzbrand*. Deutsche med. Wochenschrift, 1881, p. 89.

chir pour remarquer que nous avons employé dans cette phrase le langage chimique avec une apparence seulement du langage individualiste.

Passons maintenant à la condition n° 2, ou du moins à des alternatives de condition n° 2 et de condition n° 1, puisque la condition n° 2 prolongée conduit à la mort élémentaire et n'a aucun intérêt.

Remarquons d'abord qu'il n'est pas impossible que, dans certains cas de condition n° 2, certains plastides restent absolument dépourvus de variation ; il n'est pas impossible en effet que, toutes les substances plastiques se détruisant dans certains cas avec la même rapidité, les proportions des quantités qui restent intactes soient toujours les mêmes, quel que soit le moment où l'on arrête la condition n° 2. Si alors on replace les plastides ainsi diminués, mais non modifiés, dans un milieu à la condition n° 1 ils donnent des plastides identiques à ceux d'où ils proviennent, absolument comme s'ils n'avaient pas passé à la condition n° 2.

Mais ce cas est évidemment l'exception, car la condition n° 2 peut se réaliser d'une *infinité* de manières pour un plastide déterminé et l'on est bien obligé de croire que, *le plus souvent, les substances plastiques se détruisent inégalement vite entre l'apparition de la condition n° 2 et la mort élémentaire ;* on a donc des résultats différents, suivant le moment où l'on arrête cette condition n° 2 pour la remplacer par la condition n° 1 et c'est en effet ce que prouve la possibilité d'obtenir une infinité de variétés de bactéridies charbonneuses de virulences différentes, suivant le temps, pendant lequel on a maintenu à 42° et demi leur culture en présence de l'oxygène avant de les transporter à nouveau à la condition n° 1.

Des alternatives de condition n° 1 et de condition n° 2 produisent donc, presque toujours, au moins des *variations quantitatives* accompagnées de manifestations physiologiques (virulence par exemple) ou morphologiques [1] plus ou moins considérables. L'hérédité, dans le cas de ces alternatives de condition n° 1 et de condition n° 2, se réduit donc à ceci que : *la nature chimique des substances plastiques des descendants est identique à celle des substances plastiques des ancêtres* [2]. Or, l'étude de la bactéridie charbonneuse nous a prouvé que ces alternatives de condition n° 1 et de condition n° 2 sont le cas général dans la nature, en dehors des expériences de laboratoire ; c'est donc ce cas qui doit attirer plus particulièrement notre attention.

Si nous considérons à un moment donné, un descendant du plastide A_0 et que nous n'ayons pas suivi l'histoire complète des bipartitions d'où résulte ce descendant, la plus grande ressemblance que nous soyons en droit de lui accorder à priori avec son ancêtre est l'identité de composition chimique des substances plastiques constitutives [3] ; nous ne pouvons rien affirmer relativement à la proportion quantitative de ces substances. Quand on prend,

---

(1) Il y a des différences constatables dans l'aspect des colonies des bactéridies virulentes ou atténuées sur certains milieux. Voyez *la Bactéridie charbonneuse. Op. cit.*

(2) Je commence par m'en tenir à ce cas plus simple, supposant que seules des variations quantitatives soient intervenues, sans variation qualitative, ce qui est d'ailleurs probablement le cas le plus fréquemment réalisé dans la nature.

(3) Toujours, en supposant qu'il n'y a pas eu de variations qualitatives.

dans un laboratoire, une culture souvent réensemencée et peu surveillée de bactéridies charbonneuses, *on ne sait pas*, avant expérience, si cette
culture est ou n'est pas virulente. Il y a peut-être
eu des variations quantitatives à la condition n° 2...

J'ai supposé, pour prendre un exemple, l'existence
de six substances plastiques *a b c d e f* dans un plastide, il y en a probablement un plus grand nombre,
au moins dans certains plastides ; mais en s'en tenant
à cette hypothèse de six substances plastiques, on
voit déjà combien il est difficile d'admettre que
deux plastides sont identiques, à moins qu'ils proviennent d'un même ancêtre par une condition n° 1
ininterrompue. La condition n° 2 peut se réaliser
d'une infinité de manières différentes ; l'une d'elles
déterminera une diminution relative de *b* et de *f*,
l'autre une diminution relative de *a* et de *c*, etc...,
de telle manière que, si un caractère extérieur mar-
quant, la virulence par exemple, est en rapport avec
une prédominance de la substance *b* sur les autres
substances plastiques, il pourra arriver qu'une condition n° 2 restitue ce caractère de virulence détruit
par une condition n° 2 précédente (retour à la virulence) ; mais il est bien improbable que, au point de
vue du rapport des quantités des autres substances
plastiques, la bactéridie redevenue virulente soit en
même temps revenue *identique* à l'ancêtre virulent [1]
d'où elle est descendue par une alternative de conditions n° 1 et de conditions n° 2. Sauf donc le cas
d'une descendance directe par une condition n° 1
ininterrompue, on n'est jamais en droit d'affirmer

(1) Seulement, pour les monoplastides, nous n'avons guère, en
dehors de la virulence, de réactif assez sensible pour mettre en
évidence les variations quantitatives.

l'identité de deux plastides; on doit d'ailleurs supposer que, moins ont été fréquentes les alternatives de condition n° 1 et de condition n° 2, plus est grande la ressemblance entre deux plastides, issus d'un même ancêtre, mais ayant eu des histoires généalogiques différentes.

Définition de l'espèce. — Toutes les variétés provenant de variations uniquement quantitatives ont en commun *toutes leurs propriétés qualitatives*. Dans un même milieu, à la condition n° 1, elles emploieront les mêmes substances Q et produiront les mêmes substances R, mais *en quantités différentes*, comme cela a lieu pour les bactéridies charbonneuses de virulence plus ou moins atténuée.

Se basant sur cette remarque, on peut, si l'on veut, considérer, jusqu'à nouvel ordre, comme étant de la même espèce, toutes les variétés de plastides qui ne différeront que par la proportion des quantités respectives de leurs substances plastiques, sans qu'il y ait entre elles une seule différence qualitative. Cette définition théorique de l'espèce a le grand avantage d'être précise; mais, malheureusement, dans l'état actuel de la science, nous ne savons pas faire l'analyse chimique complète des substances plastiques. Dans tous les cas, en acceptant cette définition, on pourra affirmer (sans savoir le plus souvent réaliser effectivement cette opération) qu'une *mérotomie chimique*, effectuée au moyen de conditions n° 2 convenablement choisies et limitées, permettra toujours de passer d'un quelconque des plastides appartenant à une espèce, à un autre quelconque des plastides appartenant à la même espèce et qu'on pourra par suite *admettre*[1] la parenté de ces deux plastides et leur descendance d'un ancêtre commun. Cette parenté sera d'ailleurs toujours démontrée dans le cas, à l'étude duquel nous voulons arriver après tous ces préliminaires, où les plastides en question seront les éléments histologiques d'un animal supérieur.

Cette définition admise, la question de l'hérédité, dans le cas où la condition n° 2 ne produit que des variations quantitatives, se résumera en ceci : *Le descendant d'un plastide après alternatives de conditions n° 1 et de conditions n° 2 est un plastide de la même espèce.*

Nous sommes assurés que ces variations quantitatives sont possibles, et, par conséquent, nous sommes obligés d'admettre la variabilité des plastides dans les limites de l'espèce telle que nous l'avons définie précédemment. La variation qualitative seule nous fera, par définition même, franchir ces limites, mais, je le répète, cette variation qualitative est exceptionnelle, tandis que la variation quantitative, est, comme le prouve le raisonnement le plus simple, la règle générale, toutes les fois qu'il y a alternatives de condition n° 1 et de condition n° 2.

Beaucoup de gens nient la variabilité de l'espèce, parce que la variation qualitative est rare et devient de plus en plus rare à mesure que les espèces se compliquent davantage. En revanche, beaucoup d'observations erronées ont été faites par des gens convaincus de la trop grande facilité de cette variation spécifique. Buchner, par exemple, a soutenu

_____

[1] Sans l'affirmer, puisque la preuve n'en saurait être faite.

qu'il avait transformé le *bacillus subtilis* en bactéridie charbonneuse, mais personne n'a pu reproduire ses expériences, et M. Pasteur et M. Koch ont cru devoir attribuer ses résultats à des impuretés qui se seraient glissées dans ses cultures.

La variation quantitative pourrait conduire à une variation qualitative, si la disparition *totale* d'une des substances plastiques était possible, sans amener la mort élémentaire. Par exemple, la bactéridie charbonneuse, *absolument* dépourvue de virulence (disparition totale de la substance hypothétique *b*) serait une espèce différente de laquelle il serait impossible de revenir à la bactéridie virulente par des passages sur les animaux. Peut-être faut-il voir cette espèce nouvelle dans le microbe saprophyte décrit par MM. Hüppe et Wood [1], mais les expériences mécaniques de mérotomie nous donnent à penser que l'ablation *totale* d'une substance plastique d'un plastide entraîne le plus souvent la mort élémentaire [2]...

Il est plus probable que les variations qualitatives des plastides sont le plus souvent la cause d'une complication nouvelle et non d'une simplification dans la structure plastique du plastide ou dans la structure atomique de substances plastiques qui le

---

(1) Voyez *la Bactéridie charbonneuse*, p. 79.

(2) La démonstration n'a été faite, il est vrai, que pour l'ablation, dans un plastide donné, soit de tout le protoplasma, soit de tout le noyau, c'est-à-dire, probablement, d'un ensemble déjà fort complexe de substances plastiques. Les expériences de mérotomie ont prouvé que, quelles que fussent les conditions de milieu, un protoplasma sans noyau est *toujours* à la condition n° 2 ; autrement dit, qu'en enlevant le noyau à une amibe, on n'en fait pas une monère... Mais on n'a pas encore expérimenté isolément sur l'ablation de tel ou tel élément du noyau ou du protoplasma.

constituent. Nous verrons plus tard quelles sont les raisons qui militent en faveur de cette manière de voir. S'il y a encore des monères, comme l'affirment plusieurs observateurs dignes de foi, elles sont exceptionnelles et rares, et la plupart des plastides existant aujourd'hui sont trop complexes pour que la variation qualitative leur soit facile; c'est pour cela que tant de personnes croient à la fixité de l'espèce.

Toutes les considérations exposées dans ce premier livre sont destinées à nous conduire à l'étude des êtres supérieurs qui sont composés de plastides scissipares et dérivent d'un plastide scissipare. Avant d'aborder l'étude complexe de la formation de ces êtres supérieurs, je vais dire quelques mots de l'évolution de certains monoplastides dont l'étude simplifiera celle des métazoaires.

LIVRE II

MONOPLASTIDES A ÉVOLUTION DITE CYCLIQUE

« L'évolution est peut-être, dit Claude Bernard, le trait le plus remarquable des êtres vivants et, par conséquent, de la vie. L'être vivant apparaît, s'accroît, décline et meurt. Il est en voie de changement continuel : il est sujet à la mort.

« Il sort d'un germe, d'un œuf ou d'une graine, acquiert par des différenciations successives un certain degré de développement ; il forme des organes, les uns passagers et transitoires, les autres ayant la même durée que lui, puis il se détruit [1]. »

On chercherait en vain, dans l'histoire des monoplastides scissipares, ce caractère considéré comme si général chez les êtres vivants ; il est certain que l'assimilation à la condition n° 1 entraîne des variations, non dans la forme ou dans les propriétés de ces êtres, mais seulement dans leurs dimensions. Toutes les modifications observées sont donc suffisamment incluses dans le mot *assimilation*. D'ailleurs, le caractère, donné par Claude Bernard comme général, que l'être après s'être accru, *décline et meurt*, ne peut s'appliquer aux monoplastides scissipares, qui, à la condition n° 1, s'accroissent

---

(1) Claude Bernard. *Leçons sur les phénomènes de la vie communs aux animaux et aux végétaux.*

sans cesse et ne meurent jamais ; ils ne peuvent mourir qu'à la condition n° 2 et, si l'on considère la condition n° 2 comme le contraire de la condition n° 1 pour les plastides, ce qui est très logique, on peut transformer ainsi la vieille définition de l'*Encyclopédie* [1] : « La vie élémentaire manifestée est le contraire de la mort élémentaire, » en ce sens que la mort élémentaire résulte précisément de tout ce qui n'est pas la vie élémentaire manifestée [2].

Pour que l'évolution soit considérée comme un caractère si général des êtres vivants, il faut cependant qu'elle se rencontre chez la plupart d'entre eux ou au moins chez ceux que nous voyons le plus souvent et auxquels nous pensons toujours quand nous parlons des caractères généraux de la vie ; j'ai nommé les animaux et les végétaux supérieurs ; c'est en effet ce qui a lieu, comme tout le monde le sait, mais il y a aussi des monoplastides qui évoluent ; l'étude de leur évolution, qui est plus simple, va nous permettre de comprendre la nature des deux facteurs qui la produisent et que nous retrouverons dans l'évolution plus complexe des êtres supérieurs.

(1) La vie est le contraire de la mort.
(2) Voyez *Théorie nouvelle de la vie*, l. II.

CHAPITRE VII

ÉVOLUTION MORPHOLOGIQUE PAR SIMPLE ACCROISSEMENT

Il suffira de quelques lignes pour exposer ce genre d'évolution.

Considérons une goutte d'eau qui grossit lentement, par apport continu de substance, à l'ouverture d'un robinet mal fermé. Cette goutte d'eau a d'abord la forme d'un ménisque à peine bombé; elle conserverait cette forme si l'eau cessait d'affluer, c'est donc la forme d'équilibre d'une goutte d'eau de ce volume dans les conditions mécaniques considérées.

Une nouvelle quantité d'eau s'ajoutant à la première en augmentera le volume et *en modifiera la forme*, le ménisque se bombera. Si, à ce moment encore, l'eau cessait d'affluer, la goutte conserverait cette forme qui est par conséquent la forme d'équilibre d'une goutte d'eau dans les conditions mécaniques considérées. Et ainsi de suite, à mesure que l'apport d'eau augmentera, la forme se modifiera, le ménisque se transformera petit à petit en une sphère presque complète si l'ouverture du robinet est étroite, jusqu'à ce que, le poids de la goutte étant devenu plus fort que la tension superficielle le long de la circonférence de gorge, la goutte se détache et tombe. A chaque instant de cette *évolution morphologique*, la forme de la goutte est la forme d'équilibre d'une goutte d'eau ayant le volume qu'elle a, dans les conditions considérées ; la variation morphologique est uniquement le résultat de l'augmentation de substance dans des conditions mécaniques données. Et il faut remarquer que les formes successives du ménisque ne sont pas géométriquement semblables.

Une fois la goutte tombée, une autre goutte se formera de la même manière et traversera la même évolution morphologique, chaque forme correspondant toujours au même volume de la goutte, pour les mêmes raisons mécaniques.

Chez la plupart des plastides scissipares, les variations de forme, quand elles existent, sont insignifiantes ; le plastide grossit le plus souvent à la condition n° 1 en restant géométriquement à peu près semblable à lui-même. Il y a cependant des exceptions à cette règle et l'on constate une véritable évolution morphologique par simple accroissement ou à peu près ; chez les foraminifères polythalames [1], chez certaines flagellates [2], et même chez les infusoires ciliés [3]. Mais c'est surtout chez les êtres polyplastidaires que nous constaterons cette évolution par juxtaposition de parties nouvelles.

Les parties nouvelles qui se juxtaposent étant le résultat de l'activité assimilatrice des êtres vivants eux-mêmes, l'évolution qui en résulte est donc une conséquence immédiate de cette activité même ; mais

---

(1) Voyez l'exemple des biloculines dans *Théorie nouvelle de la vie*, I. II. Les substances squelettiques R jouent aussi un rôle dans l'évolution de ces êtres.

(2) Edmond Perrier. *Traité de zoologie*, vol. I.

(3) Khawkine. *Le principe de l'hérédité et les lois de la mécanique en application à la morphologie des cellules solitaires.* Arch. de zool. exp. et gén., 2° série, 6, 1888.

l'assimilation produit toujours, outre les substances plastiques, des substances accessoires R. qui ne peuvent pas ne pas accompagner la formation des substances plastiques et qui, dans des conditions de milieu déterminées, se produisent naturellement en quantité proportionnelle à celle des substances plastiques ; leur accumulation fatale dans le milieu peut donc modifier à chaque instant les conditions mécaniques déterminant la morphologie de l'être, et, comme cette accumulation est précisément parallèle au développement en volume du corps, elle permet d'expliquer mécaniquement la succession régulière et constante des formes de l'individu au cours de son évolution.

CHAPITRE VIII

INTERVENTION DES SUBSTANCES *R*
DANS L'ÉVOLUTION

Chez les animaux supérieurs, le milieu est intérieur et par suite limité à un volume du même ordre de grandeur que celui de la masse vivante de l'individu elle-même. Pour les monoplastides, le milieu est extérieur ; l'accumulation des substances R se fera d'autant mieux sentir que le milieu extérieur sera plus restreint par rapport au volume de l'être considéré ; nous en trouverons un exemple dans l'histoire des coccidies qui évoluent à l'intérieur d'une cellule d'un tissu déterminé d'une espèce animale donnée, c'est-à-dire dans des conditions très bien définies.

J'ai étudié ailleurs [1] l'évolution d'un grand nombre de types de coccidies. Je me contenterai ici de rappeler, sans spécifier l'espèce, les phases principales de cette évolution facile à expliquer.

Au début, nous trouvons la coccidie à l'état de petit plastide nucléé plus ou moins sphérique à l'intérieur d'une cellule animale donnée (toujours la même pour l'espèce de coccidie considérée). Ce petit plastide se trouve à la condition n° 1 dans cette

(1) Le Dantec et Bérard. *Les Sporozoaires et particulièrement les coccidies pathogènes.* Encyclopédie des aide-mémoire Léauté.

cellule animale au contenu de laquelle il emprunte
ses substances Q et dans laquelle il déverse celles
de ses substances R qui ne restent pas mélangées à
ses propres substances plastiques. Il grossit dès les
premiers instants et il est facile de voir que, dans
des conditions aussi parfaitement déterminées, si
nous connaissons les coefficients de l'équation de la
vie élémentaire manifestée de ce plastide :

$$a + Q = \lambda a + R,$$

nous pourrons prévoir à l'avance quels seront, à un
moment donné, et la masse des substances a de la
coccidie, et ce qui reste de la substance de la cellule hôte, et quelle est l'accumulation des substances R dans cette cellule. Or tous ces éléments
déterminent précisément l'ensemble des conditions
mécaniques réalisées à chaque instant autour de la
coccidie et, par suite, la forme de cette coccidie à
chaque instant, puisque cette forme de la coccidie
n'est que la forme d'équilibre de sa masse de
substances plastiques, dans les conditions mécaniques réalisées autour d'elles. Donc, *le fait de la
présence d'une jeune coccidie donnée (a b c d e f) dans
une cellule donnée C, déterminera* FATALEMENT *toute
l'évolution morphologique ultérieure de la coccidie*,
résultat extrêmement important sur lequel nous
aurons à revenir plus tard.

Au bout d'un certain temps (parfaitement déterminé d'avance par les conditions initiales), quelques-unes des substances R accumulées par la vie
élémentaire manifestée se condensent sous forme
d'une enveloppe résistante qui entoure la masse
grossie de l'être et en fait un kyste. L'enveloppe
kystique, séparant l'animal du monde ambiant, rend

plus lents les échanges de substance avec l'extérieur si elle ne les arrête pas tout à fait et, les conditions mécaniques réalisées à l'intérieur du kyste se trouvant modifiées d'autant, un nouvel état d'équilibre survient, toujours déterminé à l'avance par les conditions initiales, comme cela est évident d'après tout ce qui précède, puisque tous les matériaux inclus dans le kyste au moment de sa formation sont fatalement déterminés par ces conditions initiales.

Et, en effet, l'observation prouve que les mêmes phénomènes morphologiques prennent toujours place dans ce kyste quand le début de l'histoire des plastides étudiés a été le même. Je n'entre pas dans le détail de la description de ces phénomènes. Qu'il suffise de savoir, qu'au bout d'un certain temps, les substances R qui restaient dans le kyste sont accumulées au centre (reliquat de segmentation) et que les substances plastiques sont réparties à la périphérie en *n* petites masses *a b c d e f* IDENTIQUES chimiquement à celle qui a servi de point de départ [1].

Cette identité n'a rien qui doive nous étonner ; nous n'assistons pas aujourd'hui à la formation des espèces mais à leur reproduction dans des conditions identiques. Le sporozoïte *a b c d e f* duquel nous sommes partis, s'était formé dans un kyste identique à celui dont nous venons de constater la formation et qui provenait d'un autre sporozoïte *a b c d e f*, toujours à travers des conditions identiques, la condition n° 1 dans une cellule animale *donnée*.

---

[1] Voyez plus haut, page 44, la sporulation ou passage à la condition n° 3 sous l'influence de l'accumulation des substances R. C'est un phénomène analogue qui se produit dans le kyste de la coccidie.

Les sporozoïtes $a\,b\,c\,d\,e\,f$ sont à la condition n° 3 dans le kyste ; ils restent au repos chimique tant que ce kyste est intact. Le hasard amenant le kyste dans des conditions où son enveloppe se brise, les sporozoïtes mis en liberté se trouvent le plus souvent à la condition n° 2 [1] dont la persistance entraîne leur destruction définitive ; mais si le kyste a été avalé par un animal de même espèce que celui auquel appartenait la cellule hôte primitive, les sporozoïtes, mobiles à la condition n° 2 [2] dans le liquide digestif, peuvent pénétrer pendant ce mouvement dans une cellule favorable et s'y trouver à la condition n° 1. Ils recommencent alors l'évolution à laquelle nous venons d'assister précédemment.

Puisqu'il y a passage à la condition n° 2, nous devons penser qu'il y a variation quantitative ; mais, d'abord, cette condition n° 2 se trouve toujours réalisée à peu près de la même manière dans le tube digestif d'hôtes de même espèce, ce qui limite le champ de la variation ; en outre, cette variation, si elle existe, est guidée par la sélection naturelle comme dans le cas de la bactéridie charbonneuse, puisque, somme toute, la coccidie est virulente pour la cellule dans laquelle elle s'introduit [3]. Nous n'avons donc pas à nous occuper de cette variation, identique à celle que nous avons étudiée au livre

---

(1) Puisque leur condition n° 1 n'est réalisée que dans l'intérieur d'une autre cellule animale semblable à la première.

(2) Le mouvement des plastides peut souvent se produire à la condition n° 2 (mouvement des mérozoïtes sans noyau, voyez *Théorie nouvelle de la vie*, l. II) ; dans le cas actuel, le sporozoïte a une extrémité pointue qui se trouve en avant quand il se meut ; c'est ce qui lui permet de pénétrer dans une cellule épithéliale où il prend la forme arrondie.

(3) Voyez, p. 43, le retour à la virulence de la bactéridie atténuée.

premier et qui ne nous apprendrait rien de nouveau.

Mais il y a une autre variation, la variation apparente, qui, d'après l'opinion des micrographes les plus compétents, serait aujourd'hui démontrée pour quelques espèces de coccidies. C'est ce qu'on appelle le dimorphisme évolutif de ces sporozoaires.

Nous venons de voir que toute l'évolution d'une coccidie peut être considérée comme déterminée à l'avance par le fait qu'un sporozoïte $a\,b\,c\,d\,e\,f$ pénètre dans une cellule animale donnée où il trouve réalisée la condition n° 1. Mais n'y a-t-il pas d'autres cellules animales différentes, dans l'intérieur desquelles la condition n° 1 serait réalisée pour le même sporozoïte? Si cela est, il est bien probable que l'un des facteurs importants de l'évolution (les conditions réalisées dans la cellule hôte), se trouvant absolument différent, l'évolution morphologique sera absolument différente. On a décrit des formes *Eimeria* qui appartiendraient à la même espèce que des formes *Klossia*. Malheureusement, l'erreur est bien facile dans ce genre d'observation, puisque, le plus souvent, nous ne savons précisément reconnaître une coccidie qu'à son habitat ou à son cycle évolutif. Il est possible, et beaucoup le croient actuellement, que plusieurs coccidies décrites chez des animaux différents, sous des noms différents, appartiennent en réalité à une seule et même espèce. Qui sait même si certains sporozoïtes ne trouvent pas leur condition n° 1, en dehors de l'état parasitaire, dans un milieu illimité où ils deviendraient méconnaissables et scissipares?... Nous ne pourrions nous rendre compte de ce fait que si nous savions faire l'analyse chimique complète des substances plastiques de toutes les espèces connues, et nous en sommes loin dans l'état actuel de la science ! Nous trouverions peut-être ainsi que certaines variations quantitatives permettent à une coccidie d'habiter tel ou tel hôte, comme cela a lieu pour les bactéridies virulentes...

Si le dimorphisme évolutif [1] n'est pas encore démontré pour les coccidies, on le connaît d'une manière certaine pour certains champignons inférieurs. L'exemple de *Puccinia Graminis*, parasite successif du blé et de l'épine-vinette, est absolument classique aujourd'hui.

Quoi qu'il en soit de cette question controversée du dimorphisme, on est en droit d'affirmer que toute l'évolution ultérieure d'un sporozoïte est déterminée par cela même que ce sporozoïte est introduit dans une cellule donnée C d'un animal donné ; le rôle des substances R dans l'évolution donne l'explication mécanique de la succession régulière et constante des formes de l'individu dans un milieu limité déterminé ; autrement dit, si on donne au sporozoïte un milieu limité bien choisi, *toute sa destinée ultérieure est déterminée par sa composition chimique même.*

Il est *certain* que cette composition chimique est, tant au point de vue qualitatif qu'au point de vue quantitatif, une conséquence de l'histoire de toute la lignée ascendante des sporozoïtes ancêtres, ou au moins de toutes les conditions n° 2 qu'a traversées

(1) Des découvertes toutes récentes semblent prouver que non seulement le dimorphisme évolutif existe chez les coccidies, mais qu'il conduit même à des phénomènes de sexualité. Il est inutile de faire remarquer que cela n'infirme en rien l'interprétation donnée ici du rôle des substances R dans le cycle évolutif ; seulement, il ne faut pas oublier que ce cycle évolutif, toujours déterminé comme nous venons de le voir, peut être déterminé différemment dans des conditions différentes.

cette lignée. Cela résulte avec la dernière évidence de tout ce que nous avons appris jusqu'ici de l'histoire des plastides.

Comme, d'autre part, étant donné un milieu limité bien défini, nous sommes assurés que l'avenir du sporozoïte, toute son évolution, sont rigoureusement déterminés par sa composition chimique, nous sommes en droit d'affirmer que l'évolution du sporozoïte dans le milieu en question sera une conséquence de l'histoire de tous ses ascendants, ou, en employant un langage encore plus individualiste, que la coccidie portera, au cours de toute son évolution, le poids de sa généalogie.

Voilà l'hérédité au sens le plus large, et elle sera vraie partout et toujours, aussi bien pour les monoplastides que pour les plastides qui donnent naissance aux agglomérations polyplastidaires. En l'exposant, ainsi que nous venons de le faire, avec le langage précis de la chimie, on ne donne pas prise à cette interprétation mystique qui voit une *force* sans cesse agissante, la mystérieuse *force atavique*, dans l'influence que le passé d'une espèce exerce sur les individus actuels de cette espèce.

Nous aurons à discuter plus tard, à propos des êtres polyplastidaires, la célèbre loi dite de Fritz Müller, quoiqu'en réalité Serres l'ait énoncée, sous une autre forme, longtemps avant lui. Cette loi dit que les formes successives d'un individu en cours d'*évolution* reproduisent les formes successives par lesquelles a passé son espèce depuis l'origine ; c'est le parallélisme de l'ontogénie et de la phylogénie.

Il est à peine besoin de faire remarquer que, pour les sporozoaires tels que les coccidies au moins, cette loi n'aurait aucune vraisemblance. Les variations, desquelles résultent les caractères chimiques d'une coccidie actuelle, se sont, par définition même, produites à la condition n° 2. Or, l'évolution de la coccidie se passe à la condition n° 1...

Voici une bactéridie charbonneuse virulente que je place à la condition n° 1 ; elle se développe en donnant une colonie de bactéridies *toutes virulentes ;* ce sera ce qu'on peut appeler son évolution. Or, je puis avoir obtenu cette bactéridie virulente en ramenant à la virulence une bactéridie atténuée ; je saurai donc au moins une des phases de l'histoire de ses ancêtres, et, naturellement, cette phase ne se retrouvera pas dans son développement à la condition n° 1.

Nous reviendrons ultérieurement sur cette loi de Fritz Müller qui a été établie pour les êtres polyplastidaires. Je voudrais seulement faire une remarque au sujet de l'évolution des coccidies avant de terminer ce chapitre.

L'évolution des sporozoaires ne signifie pas, comme dans la phrase de Claude Bernard citée plus haut, *accroissement suivi de décroissance et de mort.* Le résultat véritable de l'évolution d'une coccidie est une multiplication de sporozoïtes ; entre le sporozoïte initial et les n sporozoïtes identiques qui en dérivent, prennent place des phénomènes morphologiques qui affectent la masse totale des substances plastiques provenant de la vie élémentaire manifestée du sporozoïte point de départ.

Ces phénomènes morphologiques se ramènent uniquement à une succession régulière des formes d'équilibre d'une masse de substances qui s'accroît par assimilation, dans un milieu dont les conditions mécaniques sont à chaque instant modifiées par suite de l'assimilation même; mais on n'a aucunement le droit de supposer qu'à un moment quelconque soit intervenue une variation quelconque dans la nature ou dans la proportion des substances plastiques de la coccidie, puisque les sporozoïtes terminaux sont identiques au sporozoïte initial ; la chose importante est donc l'assimilation, la multiplication des substances plastiques; quelles que soient les particularités morphologiques qui l'accompagnent.

Quand on ne tient compte que de la structure des sporozoïtes et non de leur nombre, on a l'habitude de dire que le *cycle évolutif est fermé;* on est parti du sporozoïte et l'on est revenu au sporozoïte, c'est-à-dire que l'animal considéré, parti de l'état d'extrême simplicité, a passé par un stade de complication maxima pour revenir à l'état initial d'extrême simplicité, ce qui entre bien, moins la mort élémentaire qui ne survient pas, dans la définition ordinaire de l'évolution : *accroissement suivi de décroissance.* On ne trouve plus cette décroissance dans l'évolution de la coccidie quand on considère l'ensemble de cette évolution ; une masse *a b c d e f* devient n fois plus considérable, et, lorsqu'elle a atteint ce volume maximum, il se trouve que son accroissement a tellement modifié le milieu qu'elle n'y peut plus demeurer à l'état de masse unique ; alors elle se divise en n masses qui entrent au repos chimique et qui sont identiques, chacune pour son compte, à la masse initiale *a b c d e f.* Voilà tout. Je fais remarquer l'inconvénient du terme *évolution cyclique,* ou du *retour au point de départ,* comme je l'ai fait plus haut [1] pour le *retour à la virulence,* parce que je ne

____

(1) Voyez p. 45.

crois pas qu'on puisse correctement admettre un
véritable phénomène de retour dans toute la biologie, et que la croyance à ces phénomènes conduit
à considérer la décroissance, la décadence, comme
une conséquence fatale de la croissance [1], ce qui est
une erreur anthropomorphique.

(1) Voyez *l'Individualité* (Bibl. de phil. contemporaine). Pourquoi l'on devient vieux, p. 85.

DEUXIÈME PARTIE

LES ÊTRES POLYPLASTIDAIRES

LIVRE III

EVOLUTION INDIVIDUELLE

CHAPITRE IX

FORMATION DES POLYPLASTIDES

Les monoplastides, que nous avons étudiés dans les deux premiers livres de cet ouvrage, ne donnent pas lieu à des agglomérations polyplastidaires, ou, s'ils en donnent, comme les colonies de la bactéridie charbonneuse par exemple, ce sont des agglomérations sans grande consistance et telles que le fait même de l'existence de l'agglomération n'a aucune influence sur les plastides qui la constituent. Il n'en est plus de même des plastides dont nous allons nous occuper maintenant et qui font partie comme éléments histologiques ou sont le point de départ (spore, œuf, propagule) d'êtres polyplastidaires complexes.

Je considère, à l'état de vie élémentaire manifestée, un de ces plastides points de départ. Parmi les substances R qui résultent de son activité chimique, il y en a de plus ou moins résistantes qui sont réparties, soit dans sa masse même, soit à sa surface, de telle manière que, lors de la bipartition de la masse de ses substances plastiques, les deux masses filles qui en résultent, ou blastomères, se trouvent emprisonnées dans un squelette plus ou moins résistant et ne se séparent pas. Mais alors, les conditions mécaniques réalisées pour chacun des deux blastomères, sont différentes de celles dans lesquelles se trouvait le plastide libre d'où ils proviennent, la présence de chacun d'eux contre l'autre intervenant précisément comme un facteur non négligeable, dans les conditions mécaniques réalisées pour cet autre.

Il est donc à prévoir qu'il se produira une variation apparente et souvent, en effet, l'on constate une différence de forme entre les deux blastomères accolés et le plastide libre d'où ils proviennent.

Nous ne savons pas analyser les conditions mécaniques auxquelles sont dus les divers équilibres des plastides à l'état d'activité chimique, mais nous constatons que, dans la genèse des êtres pluricellulaires, il peut se présenter trois cas :

1° L'accroissement des plastides à la condition n° 1 ne peut se faire que dans une direction ; il en résulte alors une colonie linéaire comme celles de la bactéridie charbonneuse, colonie dont tous les articles se ressemblent si le milieu est homogène, sauf, peut-être, les deux articles terminaux ; mais, si le milieu est hétérogène, si, par exemple, l'extrémité d'un filament sort de la culture liquide dans laquelle le reste du filament est immergé, les conditions changent et des variations apparentes ou vraies peuvent survenir ; c'est ainsi qu'on voit des champignons filamenteux donner, hors du liquide, des appareils conidiens de formes bizarres, dans lesquels les articles terminaux sont à la condition n° 3 (spores).

2° L'accroissement des plastides à la condition n° 1 ne peut se faire que dans un plan ; il en résulte alors une colonie plane, formée d'un seul plan de plastides qui se ressemblent tous si le milieu est homogène, sauf peut être les marginaux.

Ces deux cas, de la colonie linéaire et de la colonie laminaire, ne présentent pas grand intérêt parce qu'aucun d'eux ne conduit aux êtres supérieurs dont nous nous proposons l'étude. Nous ne nous en occuperons donc pas davantage, et nous étudierons désormais les plastides qui, pouvant se diviser dans trois directions, suivant trois axes de coordonnées, donnent naissance à des agglomérations massives comme un arbre, un crabe, un lézard, un homme.

Il est immédiatement évident que, dans une telle colonie massive, nous allons rencontrer, en chaque point, des variétés de conditions extraordinaires. A part les éléments histologiques superficiels qui sont tous en relation directe avec le milieu extérieur et peuvent, par suite, au moins quant à leur face extérieure, se trouver tous dans les mêmes conditions, tous les autres éléments de l'agglomération sont dans des conditions de milieu qui dépendent de leur situation topographique dans l'intérieur de la colonie ; ils ne reçoivent leurs substances Q qu'à travers les éléments qui les séparent de la surface extérieure et ne peuvent se débarrasser de leurs substances R qu'à travers ces mêmes éléments.

On a peine à concevoir qu'une agglomération *massive* de cette nature puisse atteindre de grandes dimensions, car étant donnée la similitude des besoins d'éléments de même origine, il est difficile d'admettre que les substances Q venant de l'extérieur puissent arriver aux éléments les plus centraux en traversant une couche épaisse de plastides qui emploient précisément lesdites substances Q pour leur vie élémentaire manifestée. Il est facile de constater, en effet, qu'il n'existe pas, dans la nature, d'agglomérations vraiment massives de plastides, au moins, dépassant une certaine épaisseur toujours peu considérable. Divers phénomènes se passent qui assurent la possibilité de la vie élémentaire manifestée des éléments profonds ; certains éléments disparaissent par suite de la condition n° 2 à laquelle ils sont réduits précisément par inanition ou par accumulation de substances R et leur disparition creuse dans le massif plastidaire des vides qui permettent la circulation des liquides nutritifs ou excrétés entre les éléments persistants ; dans certains cas, le squelette des éléments disparus persiste et sert de canal vecteur (vaisseaux du bois).

On sait que, dans le cas des plastides isolés [1], la vie élémentaire manifestée engendre des forces qui déterminent un déplacement des plastides dans le milieu, déplacement qui se produit souvent *vers* les substances utiles Q. Imaginez que le plastide soit fixé d'une manière quelconque, sa vie élémentaire manifestée persistant, les mêmes réactions se produiront, les mêmes forces prendront naissance entre le plastide et le milieu et, puisque le plastide est immobile, le milieu bougera ; il y aura appel de substance vers le plastide par suite même de sa vie élémentaire manifestée.

Eh bien ! la même chose se passe dans le cas

---

(1) Voyez *Théorie nouvelle de la vie,* ch. II, *Mouvement.*

où le plastide considéré est fixé au centre d'une agglomération ; il y a appel de substances vers ce plastide et les courants qui en résultent, ou bien passent
à travers des cavités laissées libres par des plastides
morts, ou bien écartent mécaniquement les plastides
vivants de manière à creuser des canaux entre eux.

Quoi qu'il en soit du procédé par lequel se constituent ces cavités interstitielles, on constate qu'il
existe dans toutes les agglomérations polyplastidaires
volumineuses un système plus ou moins complexe
de telles cavités communiquant entre elles directement ou indirectement, et communiquant avec le
milieu extérieur, soit à travers la couche superficielle, soit par des orifices percés dans cette
couche.

Je viens de prononcer le mot « *milieu extérieur* »
auquel j'ai été naturellement amené par les considérations précédentes. Cette expression donne immédiatement idée d'employer l'expression opposée
« *milieu intérieur* » pour désigner le milieu limité
par la couche superficielle de notre agglomération
polyplastidaire. C'est dans le milieu intérieur que
baignent tous les plastides de l'agglomération, c'est
à ce milieu qu'ils empruntent les substances Q
nécessaires à leur vie élémentaire manifestée ; c'est
dans ce milieu qu'ils déversent les substances R
résultant de leur vie élémentaire manifestée[1]. Or,
ce milieu est extrêmement limité ; il est du même
ordre de grandeur que la masse totale des plastides
qui y baignent ; donc l'activité chimique de l'en-

---

[1] Sauf les éléments superficiels qui, quoique baignant dans
le milieu intérieur par leur face profonde, peuvent aussi, dans
certains cas, effectuer divers échanges avec le milieu extérieur,
directement.

semble de ces plastides amènera dans le milieu des changements extrêmement rapides ; la condition n° 1 ne saurait être maintenue pour aucun des éléments histologiques s'il n'y avait pas renouvellement fréquent du milieu intérieur, introduction de nouvelles substances Q et élimination des substances R accumulées.

Ce renouvellement du milieu intérieur s'établit dans les différentes espèces par des procédés spéciaux que nous n'avons pas à étudier ici ; il constitue le phénomène principal de la vie [1] de l'agglomération polyplastidaire.

Voici en effet quelque chose de commun à tous les plastides de l'agglomération, le milieu intérieur, et cela suffit pour donner un certain intérêt à l'individualisation de l'agglomération que nous considérerons désormais, pour la commodité du langage, comme un *être vivant*. Il y aura à considérer deux choses parfaitement distinctes dans l'étude de cet être vivant, l'activité chimique des divers éléments (alternatives de conditions n° 1 et de conditions n° 2) et les phénomènes d'ensemble qui assureront le renouvellement du milieu intérieur.

L'être polyplastidaire sera dit vivant tant que le renouvellement du milieu intérieur y sera possible de telle façon que quelques-uns au moins de ses éléments puissent se trouver à la condition n° 1.

On dira qu'il est mort quand, ce renouvellement ne se faisant plus, *tous* ses éléments sans exception seront condamnés à la mort élémentaire ou au repos chimique, à moins d'entrer dans la constitution

---

(1) Ou même toute la *vie*, car d'autres phénomènes qui paraissent plus importants ne le sont en réalité pas du tout pour empêcher la mort élémentaire des tissus.

d'une nouvelle agglomération, d'un nouvel être vivant. Il y aura donc dans tout être vivant, *nutrition* et *excrétion*, entre le milieu intérieur et le milieu extérieur, et *circulation* dans le milieu intérieur, entre la surface extérieure et les éléments histologiques.

Mais, en outre, le résultat de l'activité des divers éléments de l'agglomération pourra se traduire extérieurement par des phénomèmes macroscopiques d'ensemble (locomotion, fonctionnement des organes) qui rendront encore plus utile l'application du langage individualiste à l'agglomération. Si ces phénomènes d'ensemble favorisent le renouvellement du milieu intérieur, ils seront *utiles* à l'être ; s'ils s'y opposent, ils seront *nuisibles* et pourront mettre sa *vie* en danger. L'être polyplastidaire vivant ne pourra donc continuer à vivre qu'en tant que les phénomènes d'ensemble dont il sera le siège faciliteront le renouvellement du milieu intérieur. Quand ses mouvements ne seront plus *coordonnés* de manière à assurer ce renouvellement, il mourra. On peut donc dire que *la vie est la coordination* et lorsqu'il s'agit d'êtres polyplastidaires, on ne peut se dispenser de mettre au premier plan l'étude de cette coordination.

Quand nous nous occupions des monoplastides, nous avions seulement à rechercher si, dans telles ou telles circonstances, ils étaient à la condition n° 1 ou à la condition n° 2 et nous avons établi, en nous basant uniquement là-dessus, la loi de la persistance du plus apte qui est si commode pour comprendre les variations adaptatives. Maintenant qu'il s'agit d'êtres polyplastidaires, le problème se complique ; il est bien certain que tout ce que nous avons dit reste vrai pour les plastides entrant dans la constitution des êtres complexes ; ils se multiplient à la condition n° 1, se détruisent ou varient à la condition n° 2, et ce sont toujours les plus aptes qui persistent dans chaque circonstance ; mais il y a en outre un intérêt supérieur en jeu, celui de la coordination générale sans laquelle *tous* les éléments de l'être polyplastidaire sont condamnés à la mort élémentaire par arrêt du renouvellement du milieu intérieur. Il peut donc arriver que, dans certains cas, la condition n° 1 réalisée pour un élément lui soit nuisible en réalité si elle donne à certaines parties de l'être un développement en désaccord avec la coordination générale [1], puisque la destruction de cette coordination générale condamne à la mort élémentaire *tous* les éléments histologiques.

Il y a beaucoup d'êtres qui meurent, nous le constatons tous les jours, mais il y en a d'autres qui vivent, et tant qu'ils vivent, nous pouvons affirmer qu'il existe chez eux une coordination assurant le renouvellement du milieu intérieur. Cette coordination est peut-être variable à chaque instant de la vie, mais elle existe jusqu'à la mort, et nous allons en étudier la genèse et la conservation chez les êtres vivants.

[1] C'est ce qui arrive dans le cas des hypertrophies nuisibles de certains organes.

CHAPITRE X

CORRÉLATION ET COORDINATION

Du moment qu'il y a un milieu limité commun à tous les éléments histologiques d'un être, nous sommes assurés que la corrélation existe entre tous ces éléments histologiques ainsi que nous l'avons vu pour les monoplastides [1] rassemblés dans un milieu restreint d'un point à l'autre duquel les échanges sont faciles et rapides. Il est bien certain en effet que l'activité de chacun des éléments aura une influence sur le milieu et par suite sur les conditions réalisées autour de tous les autres éléments baignant dans le même milieu ; et il sera impossible qu'un ou plusieurs éléments varient sans que tous les autres subissent plus ou moins le contre-coup de cette variation [2] et varient eux-mêmes plus ou moins. Dans le milieu intérieur limité, les variations retentiront sans cesse les unes sur les autres et seront CORRÉLATIVES. Il est inutile que j'insiste à nouveau sur cette question de la corrélation des variations, déjà

---

(1) Voyez p. 50.

(2) Nous verrons que, pour les végétaux, les conditions spéciales de la circulation font que la corrélation est en réalité peu apparente et limitée à une région peu étendue de ce qu'on appelle l'individu botanique ; cela tient à ce que cet individu est beaucoup moins bien délimité que l'individu zoologique.

exposée assez longuement plus haut à propos des monoplastides vivant en milieu limité ; mais il faut accorder une certaine attention à la nature des variations possibles dans l'étendue d'un être poly-plastidaire.

A propos de l'atténuation de virulence, nous avons vu combien il faut peu de chose pour déter-miner une variation, autrement dit pour produire la condition n° 2 ; le maintien d'une culture de bacté-ridie à 42° et demi en présence de l'oxygène suffisait pour atténuer progressivement la virulence ; bien plus, lorsque nous abandonnions une culture à elle-même en la réensemençant de temps en temps, nous constations toujours des atténuations de virulence dues à des conditions n° 2 qui avaient passé inaper-çues et qui avaient été momentanément réalisées pour quelques-unes des bactéridies de la culture, de telle façon que nous étions obligés, pour rendre la virulence à la culture, d'opérer une sélection par un passage à travers un animal sensible.

Dans le milieu intérieur d'un être polyplastidaire, nous avons des milliers de plastides ayant tous une origine commune comme les bactéridies d'une cul-ture et se trouvant tous dans des conditions diffé-rentes à cause de leur situation topographique diffé-rente. Il est donc probable qu'une infinité de conditions n° 2 pourront se produire dans les divers points et que chacune d'elles déterminera des varia-tions quantitatives qui seront à chaque instant gui-dées par la sélection naturelle, comme nous l'avons vu plus haut, de telle manière qu'à chaque instant, en chaque point de l'être polyplastidaire, la variété de plastide qui existera, sera précisément la mieux adaptée aux conditions chimiques et mécaniques

réalisées en ce point [1], par suite même des alternatives de condition n° 1 et de condition n° 2 qui s'y
produiront.

Au point de vue rigoureux, nous appelons condition n° 2 toute condition dans laquelle il se produit autre chose qu'une assimilation rigoureuse :

$$a + Q = \lambda a + R,$$

Cela est parfaitement logique et peut s'appliquer
à tous les cas, mais quelquefois les alternatives de
condition n° 1 et de condition n° 2 sont tellement
inséparables qu'il peut être avantageux de considérer qu'il y a superposition de ces deux conditions,
comme je vais le montrer par un exemple célèbre
emprunté à la botanique, celui de la fonction chlorophyllienne.

Partons d'une graine dépourvue de chlorophylle
et faisons-la germer à la lumière du soleil. Au bout
de quelque temps, la plante qui en provient sera
verte ; c'est donc que, parmi les substances R
accessoires, existe la chlorophylle. Séparons cette
matière du terme R dans l'équation de la vie élémentaire manifestée ; notons de même, à part, l'oxygène et l'acide carbonique :

$$a + Q + mO = \lambda a + R + Chl + nCO^2, \quad (1)$$

serait l'équation représentant ce qui se passe dans
la première unité de temps si la chlorophylle restait
inerte. Mais, en présence de la lumière, la chlorophylle réagit avec l'acide carbonique de l'atmosphère
pour former, aux dépens d'une certaine quantité de
substances plastiques, des substances hydrocarbo-

---

[1] Tout ceci, indépendamment de la coordination générale.

nées ; de sorte que, pendant la première unité de temps, en même temps que les réactions de l'équation (1), se produisent celles que représente la suivante :

$$\varepsilon a + p\, \text{Chl} + s\text{CO}^2 + \text{A} = \text{B} + v\text{O}. \qquad (2)$$

Les coefficients ε et p dépendent naturellement de la quantité des substances a et Chl qui sont en présence aux différents moments de la réaction. A la fin de la première unité de temps nous aurons $(\lambda - \varepsilon)\, a$ et non $\lambda\, a$, parce que l'action chlorophyllienne (réaction de la condition n° 2) s'est superposée à l'assimilation (réaction de la condition n° 1). On a mesuré que le coefficient m est plus petit que le coefficient v ; de même n est plus petit que s, de sorte que le résultat total de (1) et (2) est une diminution de la quantité d'acide carbonique de l'atmosphère et une augmentation de sa quantité d'oxygène [1] ; les arbres assainissent l'air pendant le jour.

Cet exemple est suffisamment clair pour que l'on comprenne parfaitement désormais ce que signifie la superposition de la condition n° 1 et la condition n° 2, c'est-à-dire l'intervention d'une réaction étrangère qui détruit une certaine quantité de substances plastiques dans le temps même où l'assimilation en produit de nouvelles, de telle manière qu'une variation quantitative peut parfaitement prendre place au cours même de la multiplication des éléments histologiques [2].

---

(1) Voyez *l'Individualité*, op. cit., p. 113 et sq.

(2) En réalité il en était de même pour l'atténuation de la bactéridie charbonneuse dans une culture à 42° et demi ; elle se multipliait tout en s'atténuant ; nous n'avons pas fait remarquer cette superposition de la condition n° 2 et de la condition n° 1 pour

Or, nous savons, par l'exemple de la bactéridie charbonneuse, combien une variation quantitative peut modifier l'aptitude d'un plastide à se développer dans tel ou tel milieu, nous ne nous étonnerons donc pas d'assister à une différenciation histologique quantitative, chaque élément prenant le caractère quantitatif qui convient le mieux à sa situation topographique à cause de la sélection naturelle sans cesse agissante.

A chaque moment de la vie de l'être polyplastidaire, chacun de ses éléments constitutifs aura donc deux caractères distincts : le caractère spécifique et le caractère topographique. Le caractère spécifique, en ce sens que l'élément en question contiendra toutes les substances plastiques de l'élément initial qui a donné naissance à l'agglomération et celles-là seulement ; le caractère topographique en ce sens que, par suite de variations quantitatives plus au moins nombreuses, l'élément considéré se composera précisément de la proportion de ces substances plastiques qui convient le mieux aux conditions chimiques et mécaniques réalisées, au moment considéré, au point qu'il occupe dans l'organisme.

Tout ceci est établi en dehors de toute considération sur la *vie* de l'être polyplastidaire, mais il est certain que le maintien de cette vie exige précisément, qu'à tel ou tel moment telle ou telle condition soit réalisée en tel ou tel point de l'organisme,

ne pas compliquer l'exposé inutilement. Nous aurions pu d'ailleurs prendre comme exemple l'atténuation obtenue par MM. Roux et Chamberland dans un milieu *non nutritif* (eau distillée, additionnée de phénol), cas dans lequel il y a variation sans assimilation ou encore l'atténuation des *spores* directement par l'action de l'eau additionnée d'acide sulfurique à 35°. (Voyez *la Bactéridie charbonneuse*, p. 111 et sq.)

et c'est à ces conditions déterminées en chaque point par les exigences de la *vie* que doivent s'adapter les plastides constitutifs ; mais, sans spécifier quelles sont ces conditions topographiques, nous pouvons affirmer déjà que : 1° *tout élément histologique est adapté aux conditions chimiques et mécaniques réalisées au point où il se trouve ; 2° Une variation en un point entraîne forcément dans les autres points du milieu intérieur des variations corrélatives.*

Voilà pour les plastides constitutifs considérés en tant que plastides, mais nous savons qu'ils seraient tous condamnés à la mort élémentaire si le milieu intérieur de l'être qu'ils constituent n'était pas sans cesse renouvelé, c'est-à-dire pourvu des substances Q qui sont nécessaires à l'espèce des plastides considérés, et débarrassé des subtances R qui résultent de leur vie élémentaire manifestée. Donc, toutes les fois que nous voyons un être polyplastidaire vivant, c'est-à-dire composé de plastides doués de vie élémentaire, nous sommes assurés que, depuis sa naissance, autrement dit depuis l'état de plastide simple qui est l'état initial de tout être, le renouvellement de son milieu intérieur n'a jamais été suspendu assez longtemps pour que la mort élémentaire ait eu le temps de frapper tous ses éléments constitutifs. Ce temps est très différent avec les espèces, différent aussi suivant que les éléments constitutifs peuvent ou ne peuvent pas se conserver à l'état de repos chimique dans l'intérieur du corps. Nous n'avons pas à insister ici sur ces différences spécifiques, nous devons nous en tenir aux choses les plus générales.

Pour les espèces qui donnent lieu à des agglomé-

rations très simples, le processus du renouvellement
du milieu est extrêmement simple ; un jeune tænia
plongé dans un milieu contenant les substances Q
nécessaires à ses éléments anatomiques se nourrit
par osmose et ses éléments anatomiques prospèrent
dans un milieu intérieur convenable. Si au contraire
le jeune tænia est plongé dans un milieu qui ne
contient pas ce qu'il lui faut, ses éléments anatomiques sont condamnés à la mort élémentaire. Il
semble donc qu'il n'y ait pour lui que deux alternatives, être dans un milieu convenable et prospérer,
être dans un milieu défavorable et mourir, absolument comme pour un plastide à la condition n° 1
ou à la condition n° 2.

Mais cette comparaison même nous met en garde
contre une affirmation trop rapide ; nous savons en
effet que si beaucoup de plastides meurent à la condition n° 2, quelques-uns varient et s'adaptent ;
nous aurons à voir si un phénomène analogue ne
peut pas se produire chez les êtres polyplastidaires.

Dans tous les cas, au point de vue de la coordination
générale, nous ne constatons pas grand' chose chez
les êtres aussi inférieurs que les tænias. Il suffit
que l'osmose soit possible et que les sucs nutritifs
puissent pénétrer le parenchyme de l'animal. C'est
à peu près la même chose pour les végétaux.

Il en sera tout autrement quand nous observerons
les animaux supérieurs ; ici, la multitude des fonctions
délicates dont une seule ne peut cesser d'être rem-
plie sans occasionner la mort, est tout à fait admirable, et cependant, quel grand nombre de ces
animaux existe à la surface de la terre ? Comment
expliquer que le simple développement d'un œuf

produise des machines si remarquablement coordonnées? C'est ce que nous apprendra dans la suite l'hérédité des caractères acquis. Pour le moment étudions seulement les conséquences, au point de vue des plastides constitutifs, de cette coordination qui existe forcément à chaque instant, depuis la naissance jusqu'à la mort.

Et d'abord, quels sont les facteurs qui interviennent dans l'évolution individuelle? Le plastide initial qui doit donner naissance à un être supérieur ne trouve réalisée que dans des circonstances assez rigoureusement déterminées la condition n° 1 ; pour les mammifères c'est dans l'utérus maternel; pour les oiseaux, dans l'intérieur de l'œuf à la température du corps maternel, etc., etc. Les premières stades du développement polyplastidaire sont donc déterminés par la nature chimique de l'œuf et par des conditions mécaniques et chimiques que l'on peut considérer comme à peu près identiques pour tous les individus d'une même espèce. Par conséquent, on peut considérer comme très suffisamment approximative l'assertion suivante : deux plastides initiaux rigoureusement identiques donneront toujours, au moins pour les premiers stades du développement, des agglomérations identiques. Cela sera vrai par exemple toujours jusqu'à la constitution du milieu intérieur et à sa séparation définitive du milieu extérieur, de telle sorte qu'en appelant A le stade embryonnaire (nombre 2^n de blastomères) où ce milieu est difinitivement limité, on pourra affirmer que deux plastides initiaux identiques donneront naissance à deux embryons identiques au stade A. Autrement dit, ce stade A était déterminé dans le plastide initial, puisque ce plastide initial, ou bien meurt, ou bien donne naissance à une agglomération A.

Mais, à partir de ce stade A, chacun des blastomères de l'embryon se trouvera à une place déterminée *dans un milieu limité* dont la dimension est du même ordre de grandeur que celle de la masse des blastomères, c'est-à-dire dans une situation analogue à celle où se trouvait la coccidie dans sa cellule hôte ; on peut donc répéter pour l'embryon en question ce qui a été établi en détail pour la coccidie. Tant que les conditions extérieures restent les mêmes, l'histoire de l'évolution de l'embryon est *déterminée* par ce qu'il était au stade A, et, par suite, par ce qu'était le plastide initial d'où il provient, puisque le stade A était déterminé par la nature chimique de ce plastide initial.

On peut donc dire que, jusqu'à son éclosion, l'embryon est déterminé dans le plastide initial puisque, *s'il atteint l'éclosion sans mourir*, il a traversé des circonstances mécaniques et chimiques qui sont à très peu de chose près les mêmes pour tous les embryons d'une espèce donnée.

Jusqu'à l'éclosion, on peut considérer comme purement végétative l'existence du jeune animal ; autrement dit, il se comporte comme un végétal ou comme un tænia, et le renouvellement de son milieu intérieur se fait sans qu'aucune coordination soit nécessaire dans sa structure générale[1] ; au moment où il éclôt, il cesse de se trouver dans un milieu tout

____

(1) Il y a bien le fonctionnement du cœur qui a commencé et qui détermine la circulation, mais si l'on remonte à un stade plus primitif, on voit que le cœur se forme avant d'être utile à la rénovation du milieu intérieur et il faudra bien se dire qu'à ce stade au moins, et indépendamment de tout fonctionnement, le cœur était déterminé dans le plastide initial comme le bec,

élaboré où son milieu intérieur puisse se renouveler sans peine ; il entre dans des conditions nouvelles et son milieu intérieur ne pourra désormais se renouveler que par le jeu d'organes qui n'ont pas encore fonctionné, MAIS QUI EXISTENT CHEZ LUI.

Rien n'est plus admirable que l'éclosion d'un jeune poulet comme vous pouvez l'observer chaque jour aux vitrines des couveuses artificielles ; si vous aviez ouvert l'œuf deux ou trois jours avant l'éclosion, vous auriez trouvé, baignant dans un magma assez visqueux une masse ayant déjà la forme d'un poulet avec les membres repliés sur eux-mêmes et vivant de la vie végétative aux dépens des réserves accumulée dans l'œuf sans se servir d'aucun de ces organes si bien conformés. Aujourd'hui, sa coque brisée, on le voit se dresser sur ses pattes, s'étirer comme fatigué d'un long sommeil, et puis il se dirige vers la mangeoire ; il *mange* la pâtée préparée, il *boit* à petits coups l'eau de l'abreuvoir comme s'il savait faire tout cela depuis longtemps :

Ainsi, non seulement il a des organes qui lui permettent de manger et de boire, de digérer et de renouveler son milieu intérieur, mais encore il a des organes des sens et un cerveau si admirablement préparés, que l'impression déterminée sur les premiers par les aliments produit dans le cerveau des phénomènes (dont nous appelons les épiphénomènes « *associations d'idées* ») qui mettent en action les muscles convenables et amènent sans tâtonnements la réalisation de ces admirables mouvements

les ailes, les articulations des pattes qui ne serviront qu'après l'éclosion. Au point de vue où nous nous plaçons il est donc inutile de faire mention spéciale du cœur, quoique son fonctionnement commence à une période plus primitive. La difficulté resterait la même pour les articulations des membres...

d'ensemble! Et tout cela est préparé dans une agglomération polyplastidaire complexe qui n'avait jamais rien exécuté de semblable! Tout cela était déterminé dans le plastide initial de l'œuf de poule, par la nature de ce plastide et les conditions mécaniques et chimiques réalisées dans l'œuf à la température de l'incubation! Il n'est pas étonnant que, devant un spectacle aussi extraordinaire (et des faits du même genre se remarquent, à des degrés divers, dans l'éclosion de tous les animaux), l'on ait une tendance naturelle à adopter les théories vitalistes et téléologiques, à voir dans tout cela, dans cette coordination inouïe, l'exécution d'un plan préconçu par une intelligence supérieure, dans un but déterminé! Il n'est pas étonnant que les philosophes habitués à l'admiration des phénomènes d'ensemble et n'ayant pas étudié les détails intimes des choses, sourient de pitié quand les biologistes leur disent que toutes ces merveilles sont la conséquence inévitable du phénomène chimique de l'assimilation à la condition n° 1 et de la variation à la condition n° 2 guidée par la sélection naturelle.

Un de leurs grands arguments est le suivant : Faites-moi donc un œuf de poulet puisqu'il n'y a, à son intérieur, que des substances chimiques formées des éléments les plus répandus dans la nature, *et rien de plus*. Peut-être arrivera-t-on un jour à en faire un ; ce n'est pas impossible quoique cela semble bien difficile dans l'état actuel de la science, et il est certain que le jour où on aura fait un corps identique, atome à atome, à un œuf de poulet, ce corps, soumis à une incubation convenable dans les conditions normales donnera naissance à un poulet parfait. Mais ceux qui demandent au biologiste de faire un œuf de poulet lui demandent de faire, dans un temps très restreint, ce que la nature n'a fait qu'en plusieurs millions d'années. L'œuf de poulet est le résultat d'alternatives de condition n° 1 et de condition n° 2 qui se sont produites, guidées par la sélection naturelle, dans une série de plastides ancêtres dont l'origine se perd dans la nuit des temps et dont les premiers étaient, sans doute, extrêmement différents de l'œuf de poulet...

Une fois le poulet éclos, il continue à évoluer et à vivre, mais, puisque la coordination existe en lui, dès son éclosion, telle que le renouvellement de son milieu intérieur soit assuré par cette coordination et comme, d'autre part, il y a déjà en lui trop de parties invariables (squelette conjonctif, osseux, cartilagineux...) pour qu'une coordination de nouvel ordre puisse vraisemblablement s'établir dans cet ensemble extrêmement complexe, la mort surviendra si quelque chose d'essentiel est changé dans cette coordination. Cela n'a pas lieu et il y a bien peu de différences, il n'y a pas de différences essentielles entre un poulet qui vient d'éclore et un poulet dix fois plus grand. Et cependant la masse totale des substances plastiques du second est dix fois supérieure à celle du premier. Comment se fait-il que la coordination subsiste avec les mêmes caractères essentiels au cours de cet accroissement du corps?

Le poulet éclos est en relation directe avec le monde extérieur par ses organes des sens ; les impressions qu'il reçoit déterminent à chaque instant dans son cerveau des phénomènes (dont les épiphénomènes sont les associations d'idées) qui se traduisent par l'activité de certains plastides et, en conséquence, par des mouvements d'ensemble extrê-

mement variés. L'animal reste vivant, tant que ses
mouvements de chaque instant ne le conduisent
pas à une destruction mécanique ou chimique (blessure, empoisonnement), pourvu qu'il assure sans
cesse le renouvellement de son milieu intérieur.
Donc, tant que l'animal vit, tous les organes dont
le fonctionnement est nécessaire à ce renouvellement (et ces organes sont extrêmement nombreux),
sont forcément en activité à des intervalles rappro-
chés ; et pendant ce temps ces organes se développent et restent semblables à eux-mêmes puisque la
coordination subsiste relativement au renouvellement du milieu intérieur.

Mais, quand un organe fonctionne, c'est que les
plastides qui le constituent sont à l'état d'activité
chimique ; or nous ne connaissons pour un plastide
que deux modes d'activité chimique, la condition
n° 1 et la condition n° 2. Trois cas peuvent se présenter : 1° les plastides constituant l'organe[1] sont,
les uns à la condition n° 1, les autres à la condition
n° 2 pendant le fonctionnement de cet organe ; mais
il est évident que, dans ce cas, la coordination serait
bien éphémère dans l'organe en question, surtout si
son fonctionnement était fréquemment répété puisqu'une partie de l'organe s'accroîtrait pendant que
l'autre diminuerait ou varierait ; cette hypothèse est
donc inadmissible ; 2° les plastides constituant l'organe sont tous à la condition n° 2 pendant le fonc-

---

(1) J'appelle *organe* l'ensemble de tous les plastides qui entrent
en activité dans l'accomplissement d'une fonction quelconque
aussi complexe qu'on le voudra ; ainsi, j'appellerai organe de la
toux l'ensemble de tous les éléments (nerfs, muscles, viscères, etc.),
qui entrent en activité dans l'opération de la toux ; c'est une
définition physiologique et non une définition anatomique, mais
c'est la seule qui puisse convenir au cas où nous nous plaçons.

tionnement ; mais alors l'organe serait de moins en moins bien adapté à sa fonction à mesure qu'il fonctionnerait davantage, et nous savons que cela est contraire à la vérité.

Il ne reste donc plus que la troisième hypothèse : les plastides constituant l'organe sont tous à la condition n° 1 pendant le fonctionnement, et alors l'organe se fortifie à mesure qu'il fonctionne, ce qui est en effet le cas chez tous les animaux que nous connaissons.

Le simple raisonnement nous aurait conduits à cette constatation, si nous avions songé que la sélection naturelle s'exerce entre tous les plastides (variétés d'une même espèce) dans un milieu, de telle manière que chacune des variétés soit la mieux adaptée à chaque point du milieu, c'est-à-dire, comme nous l'avons vu plus haut pour les monoplastides, trouve sa condition n° 1 dans les conditions mécaniques et chimiques réalisées en ce point ; il est donc certain que la sélection naturelle doit détruire rapidement tous les plastides qui se trouveraient à la condition n° 2 en un point déterminé pendant les périodes de fonctionnement habituel.

Je n'ai parlé, dans les lignes précédentes, que des organes dont le fonctionnement est destiné à assurer le renouvellement du milieu intérieur, le mot organe étant défini au sens physiologique large que j'ai tout à l'heure indiqué en note. Mais il est bien évident que tous les éléments histologiques du corps de l'animal font, en réalité, partie de tels organes, et je définirai fonctionnement d'un élément, le mode d'activité qu'il a dans le fonctionnement d'un tel organe ; pour un muscle ce sera la contraction, pour une glande la sécrétion, etc... Or, pour toute opération autre que celles qui sont destinées à assurer le renouvellement du milieu intérieur (et l'animal en exécutera sans cesse en vertu des associations d'idées qui résulteront chez lui des impressions venues de l'extérieur par ses organes des sens), il y aura en fonctionnement un certain nombre d'éléments histologiques appartenant à plusieurs des organes définis précédemment ; et il est évident que la nature du résultat général de l'opération exécutée n'aura aucune influence sur le mode d'activité de chaque élément employé ; *tout élément fonctionnant* (muscle qui se contracte, glande qui sécrète, etc...) *sera à la condition n° 1.*

C'est la loi d'ASSIMILATION FONCTIONNELLE que j'ai déjà établie l'année dernière[1] en me plaçant à un tout autre point de vue et que j'ai énoncée de la manière suivante : *Le fonctionnement d'un élément histologique n'est autre chose que l'une des manifestations extérieures physiques ou chimiques, propres à cet élément, des réactions qui déterminent précisément la synthèse de sa substance ; autrement dit : Le fonctionnement est un des phénomènes de la vie élémentaire manifestée de l'élément ; fonctionnement et vie élémentaire manifestée sont inséparables.*

Il résulte de cette loi de l'assimilation fonctionnelle que tous les éléments histologiques existant dans un organisme vivant font partie d'organes qui accomplissent des opérations assez fréquentes, le mot organe étant toujours pris au sens très large précédemment défini en note. En effet, tout élément histologique qui ne réaliserait pas cette condi-

---

[1] Voyez *Théorie nouvelle de la vie,* op. cit., l. IV.

tion disparaîtrait forcément ; il n'y a pas d'éléments inutiles dans un animal.

Il en résulte aussi que toute opération nouvelle est difficile à exécuter, que toute opération habituelle est au contraire facile.

Je suppose qu'à un moment donné, un concours de circonstances extérieures se produise, tel que l'association d'idées qui en résulte détermine l'exécution d'une opération d'ensemble n'ayant jamais encore été exécutée. Parmi les éléments mis en activité dans l'exécution de cette nouvelle opération, quelques-uns qui n'avaient pas encore fonctionné ensemble seront gênés par d'autres éléments inutiles à l'opération exécutée ; il y aura gêne accompagnée de la sensation d'effort ; mais que la même opération se répète souvent, les éléments inutiles entreront en régression, les éléments utiles se développeront et l'opération deviendra de plus en plus facile (au détriment, naturellement, de telle ou telle autre dont l'organe, resté inactif dans quelques-unes de ses parties, sera lésé dans ces parties mêmes).

J'ai établi ailleurs[1] comment la limitation de la rapidité de renouvellement du milieu limite en même temps la durée possible du fonctionnement des organes et comment, par suite, le fonctionnement exagéré d'un organe *nécessite* une diminution dans le fonctionnement d'un autre.

Ces simples remarques nous amènent à établir, comme conséquences immédiates de la loi d'assimilation fonctionnelle, les principes que Lamarck et Geoffroy Saint-Hilaire avaient tirés d'observations générales de la nature. Celui de Geoffroy Saint-

____

(1) *Théorie nouvelle de la vie, l. IV.*

Hilaire est le *balancement des organes;* si l'un d'eux se développe beaucoup, c'est forcément aux dépens d'un autre qui diminue. Celui de Lamarck est que l'usage développe les organes, et que les organes utiles subsistent seuls, les autres devenant rudimentaires ou nuls[1].

En dehors des opérations nécessaires à assurer le renouvellement du milieu intérieur, et ces opérations sont loin le plus souvent d'occuper toutes les heures de fonctionnement permises aux tissus, il y a donc une certaine latitude pour chaque individu ; toutes les opérations qu'ils exécutent sont naturellement déterminées par les circonstances ambiantes réalisant dans le cerveau, par l'intermédiaire des organes des sens, telle ou telle association d'idées. Donc, si deux poulets sont semblables en sortant de l'œuf, ils pourront par la suite acquérir certaines dissemblances suivant les milieux où ils vivront, puisque chacun d'eux exécutera une série d'opérations en rapport avec le milieu où il vivra et que la nature des opérations exécutées pourra développer, dans les deux cas, des parties différentes des individus. *Un être est le résultat de tout ce qu'il a fait depuis l'éclosion.*

Mais, malgré tout, les dissemblances extérieures ne seront jamais bien considérables entre les deux poulets ; on reconnaîtra toujours que ce sont des poulets et même que ces poulets sont très proches parents (nous les avons supposés semblables à la sortie de l'œuf). L'un pourra avoir les cuisses plus grosses, l'autre le bec plus dur, mais il y aura toujours beaucoup de caractères communs, une

(1) Voyez l'*Individualité*, p. 168.

majorité de caractères communs aux deux poulets ; on peut, dans une première approximation, appeler *caractères acquis* les dissemblances, *caractères congénitaux* les particularités restées communes aux deux poulets.

Eh bien, les caractères congénitaux nous paraîtront toujours beaucoup plus saillants chez les deux poulets considérés que les caractères acquis. Cela tient à deux choses : 1° ils ont dû, de toute nécessité, puisqu'ils ont continué à vivre, exécuter un grand nombre d'opérations *communes* destinées à assurer le renouvellement du milieu intérieur ; 2° les formes des poulets ont été de plus en plus fixées par le squelette, qui s'est de plus en plus opposé à des opérations macroscopiques nouvelles sortant du cadre ordinaire des opérations possibles à un poulet. C'est pour cette dernière raison surtout qu'il y a si peu de différences extérieures entre le poulet adulte et le poulet qui vient d'éclore, en dehors des dimensions de ces deux êtres. Occupons-nous donc de ce squelette, qui joue un rôle si important dans l'histoire des animaux et des végétaux.

Rappelons-nous l'équation de la vie élémentaire manifestée :

$$a + Q = \lambda a + R$$

Dans le terme R, il y a des substances liquides dont l'accumulation peut être nuisible, et nous savons que l'élimination de ces substances R est une des parties importantes du renouvellement du milieu intérieur chez des êtres polyplastidaires.

Mais il y a aussi des substances résistantes, plus ou moins solides, puisque nous avons vu que c'est précisément à des substances de cette nature, agglutinant les plastides, qu'est due la formation d'une agglomération polyplastidaire; supposons qu'à un moment quelconque nous trouvions le moyen d'enlever d'un être polyplastidaire *toutes* les substances plastiques sans toucher aux substances squelettiques R. Il nous resterait une agglomération de cellules creuses, chaque cellule étant précisément à la place qu'occupait précédemment un plastide, et cette agglomération de cellules creuses affecterait exactement la forme de l'agglomération polyplastidaire elle-même.

Nous savons par l'étude de la bactéridie charbonneuse que les substances R varient quand les plastides varient quantitativement; nous ne nous étonnerons pas, par conséquent, de trouver dans le squelette de substances R des parties de résistance différente (charpente osseuse, tendons, etc...). Cette différence pourra être d'autant plus considérable que des variations apparentes pourront également trouver place dans les conditions diverses réalisées aux divers points de l'agglomération.

De plus, nous savons que, chez les animaux supérieurs au moins, il y a forcément, pour tous les tissus, des alternatives de condition n° 1 et de condition n° 2. Or, à la condition n° 1 les substances *a* et les substances R augmentent parallèlement; à la condition n° 2, les substances *a* se détruisent tandis que les substances R ne bougent pas. Le résultat de ces alternatives de condition n° 1 et de condition n° 2 est donc forcément une augmentation de la quantité de squelette relativement à la quantité de substances plastiques, et par conséquent, à cause de la résistance croissante du squelette, l'animal sera de plus en plus invariable dans sa forme; de plus en plus aussi, à cause de la résistance croissante du squelette, seront invariables les conditions mécaniques réalisées aux divers points de l'agglomération et, par suite, l'animal aura de moins en moins de tendance à varier, mais aussi de moins en moins de facilité à s'adapter à des conditions nouvelles d'existence. Déjà, quand le poulet est sorti de l'œuf, sa forme générale ne pouvait plus subir que de légères modifications parce que le squelette était assez résistant.

J'ai établi ailleurs [1] que, par suite de l'impossibilité de la rénovation assez rapide du milieu intérieur et du balancement organique qui en résultait, un état adulte se produisait nécessairement dans les animaux supérieurs, c'est-à-dire un état dans lequel il y avait équilibre des profits à la condition n° 1 et des pertes à la condition n° 2. Le durcissement du squelette rend, lui aussi, cet état adulte inévitable. En effet, à chaque moment de la vie, le squelette existant dans le corps de l'animal entre naturellement pour une grande part dans la détermination des conditions mécaniques réalisées en chaque point de l'organisme ; le squelette d'un organe est, au point de vue fonctionnel, une partie très importante de l'organe. Ouvrez un traité d'anatomie et vous verrez toujours qu'on commencera par le squelette [2] des membres la description de l'appareil locomoteur. A chaque moment de l'évolution individuelle le squelette limite les mouvements possibles ; tout

___

(1) *Théorie nouvelle de la vie*, l. IV.

(2) Le mot squelette a cependant un sens plus général que celui qu'on lui donne dans les traités d'anatomie ; il comprend toutes les substances R solides, aponévroses, tendons, substance conjonctive, etc...

mouvement consistant en réalité à rapprocher ou à écarter l'une de l'autre deux pièces du squelette, tous les plastides susceptibles de fonctionner dans la réalisation d'un mouvement seront répartis aux environs du squelette et la fixation définitive de la forme du squelette dur limitera à peu de chose près la croissance de l'ensemble du corps.

Le squelette se solidifie de plus en plus au cours de la croissance de l'animal et rend ainsi de plus en plus difficile l'adaptation à un autre genre de vie; c'est pour cela que le poulet né poulet reste poulet et ne subit que des variations morphologiques faibles jusqu'à l'état adulte; mais il y a d'autres animaux qui éclosent sous une forme beaucoup moins fixée par le squelette et qui subissent ensuite une évolution beaucoup plus considérable.

En dehors de son importance énorme dans la fixation de la forme générale des animaux, le squelette en a une autre dans la production de la vieillesse, qui rend la mort fatale pour les animaux supérieurs. Une fois formés, les organes chargés de la rénovation du milieu intérieur fonctionnent toujours à peu près de la même façon (alternatives de condition n° 1 et de condition n° 2 pour les plastides qui les constituent) et par conséquent les substances R solides, toujours produites, jamais détruites, prennent une importance de plus en plus grande, dans les organes, par rapport aux substances plastiques. Il arrive un moment où l'un des organes essentiels à la coordination ne peut plus fonctionner à cause de son encroûtement par les substances R. Cet organe peut différer suivant les individus, suivant le genre de vie qu'ils ont mené, suivant que tel ou tel organe, ayant plus souvent fonctionné, a vieilli plus vite que les autres[1].

Alors la mort survient[2] et l'espèce disparaîtrait si *tous* les plastides de l'être polyplastidaire étaient condamnés, par suite de la mort générale, à la mort élémentaire ; mais, le plus souvent, au cours de l'évolution, certains plastides se trouvent soustraits à cette mort élémentaire, comme nous le verrons en étudiant la reproduction.

Il y a encore une autre conséquence de la formation du squelette au cours de l'évolution des animaux supérieurs et de la fixité morphologique qui en résulte ; c'est l'impossibilité de la traduction morphogénique d'une variation s'il s'en produit une accidentellement dans la nature des plastides constitutifs. Autrement dit, je suppose qu'une variation se produise au cours de l'évolution dans la nature d'une grande partie des plastides du corps sans que pour cela la coordination cesse de rester possible ; s'il y a à ce moment un squelette très peu important, on conçoit que la forme générale d'équilibre du corps soit modifiée notablement et que tout le reste de l'évolution morphologique s'en ressente ; au contraire, si le squelette est résistant et invariable, son influence l'emportera sur celle de la variation sur-

---

(1) J'ai étudié longuement le vieillissement par accumulation des substances R dans l'*Individualité, Op. cit.* (Pourquoi l'on devient vieux.)

(2) Toutes les considérations précédentes montrent les raisons de la mortalité fatale des êtres supérieurs ; plusieurs auteurs ont considéré la mort comme une *fonction* utile (!!) : « La sélection peut être considérée comme une cause du maintien de la *fonction mort* chez les métazoaires, mais elle ne l'a pas créée, et l'on peut se demander quelle est la condition physico-chimique de cette propriété, la mortalité, quelle est la différence matérielle entre le plasma immortel et le plasma mortel... » Delage, *Op. cit.*, p. 353. Il y a là une confusion évidente entre la mort et la mort élémentaire. V. plus bas ch. xxi.

venue et on pourra avoir un adulte de forme A formé de plastides qui, s'ils avaient été tels qu'ils le sont devenus à une période plus primitive de leur évolution (à l'état de plastide initial par exemple), auraient déterminé la formation d'un adulte B peut-être très différent de A.

En d'autres termes, le retentissement obligatoire de la variation considérée sur la corrélation générale dans le milieu intérieur, ne se traduira pas dans la coordination générale de l'organisme comme elle eût pu le faire avant la fixation de cette coordination par le squelette. La formation du squelette précise les formes des corps et rend les animaux capables d'opérations déterminées plus minutieuses et plus délicates ; mais en même temps elle limite le champ de leur activité et de leur adaptation possible à des conditions entièrement nouvelles. Un homme peut faire énormément de choses, mais il lui est impossible, par cela même qu'il est homme, d'exécuter une opération très facile à un être beaucoup moins compliqué comme organisation.

Toutes les considérations exposées dans le présent chapitre suffisent à donner une idée précise de ce qu'il faut entendre par les mots *corrélation* et *coordination*. La corrélation est le résultat de l'influence obligatoire de tout ce qui concerne un plastide d'un milieu limité sur tous les autres plastides de ce milieu ; la coordination est l'agencement général des parties du corps qui fait que, abandonné à lui-même dans un milieu donné, ce corps renouvelle son milieu intérieur d'une part, et d'autre part, comme nous le verrons plus loin, évite, *jusqu'à sa mort,* toutes les autres chances de destruction ; il n'y a donc, somme toute, aucune différence entre la coordination générale d'un animal et ce qu'on appelle souvent : *l'instinct de conservation* de cet animal.

Il y a, au contraire, une grande différence entre la corrélation et la coordination, quoique l'on considère souvent à tort ces deux expressions comme à peu près équivalentes. Il est certain que la coordination s'établit comme une conséquence de la corrélation ; l'exemple, cité plus haut, du développement du poussin, nous montre que ce poussin éclôt *coordonné* par suite de la corrélation dirigeant l'évolution des plastides dans son milieu intérieur ; mais une fois la coordination établie et fixée par le squelette, la corrélation lui est subordonnée et n'entraîne plus que difficilement des variations morphologiques.

L'exemple du poulet qui nous montre l'éclosion du jeune poussin avec presque tous les caractères morphologiques de l'adulte est excellent à un certain point de vue parce qu'il montre quelle multitude de caractères complexes peuvent être *déterminés dans l'œuf* et quelle merveilleuse coordination peut se développer dans une agglomération polyplastidaire avant qu'elle ait été aux prises avec les conditions de milieu pour lesquelles cette coordination est valable ; donc, pour poser le problème de l'hérédité, ce cas est excellent, puisqu'il le montre à son maximum de complexité.

Mais, à un autre point de vue, cet exemple est mauvais, car, en montrant un jeune qui éclôt avec presque tous les caractères de l'adulte, il laisse trop peu de place aux caractères acquis ; nous avons vu combien faibles morphologiquement peuvent être les différences acquises par deux poulets adultes de même origine.

Il existe beaucoup d'animaux qui éclosent à un stade d'organisation bien plus rudimentaire et qui mènent à l'état libre une partie bien plus considérable de leur existence ; il est certain à priori que pour de tels êtres l'importance des caractères acquis sera beaucoup plus grande, puisque l'adulte dérive de ce qu'est le jeune au moment de son éclosion et de tout ce qu'il a fait, de toutes les circonstances qu'il a traversées depuis son éclosion. La possibilité d'une grande différence dans l'histoire de deux êtres identiques au moment de leur éclosion entraîne la possibilité d'une assez grande différence dans la constitution des deux adultes, quand l'éclosion a eu lieu à un moment où aucun caractère morphologique n'était encore définitivement fixé par un squelette résistant. Mais, il y a cependant une limite aux divergences possibles à cause de la nécessité d'une coordination établie à chaque instant et aussi, parce que chez la plupart des êtres inférieurs qui éclosent à un état rudimentaire, toutes les opérations, ou à peu près, sont uniquement dirigées en vue de la défense individuelle et du renouvellement du milieu intérieur.

Rigoureusement, on doit appeler caractères congénitaux ceux qui sont déterminés dans le plastide initial et, par conséquent, tous ceux qui existent au moment de l'éclosion. A partir de l'éclosion, la variété des conditions de milieu intervient d'une manière plus ou moins profonde dans l'évolution de l'individu ; cette évolution peut être différente jusque dans ses plus intimes détails pour deux êtres provenant d'œufs identiques, et, rigoureusement, on doit considérer comme *caractères acquis* tous les caractères que présente l'animal après son éclosion.

En réalité, une telle distinction, pour être rigoureuse, n'en serait pas moins nuisible dans beaucoup
de cas, à cause de la similitude nécessaire dans certaines parties du développement libre, similitude
sans laquelle la coordination cesserait pour l'un des
deux êtres comparés. D'ailleurs, il faut remarquer
que beaucoup des conditions nécessaires au maintien de la vie de l'être après son éclosion étaient en
réalité déterminées dans l'œuf puisque l'œuf déterminait le jeune jusqu'à l'éclosion et que le jeune
avait des besoins d'où résultaient une grande partie
des opérations effectuées et ainsi de suite... On ne
doit donc considérer comme caractères acquis que
le résultat de toutes les opérations exécutées par
l'animal en cours d'évolution, en dehors des opérations nécessaires, communes dans les mêmes conditions à tous les animaux dérivés d'œufs identiques
et destinées à la rénovation constante du milieu
intérieur.

*On donne le nom d'éducation à l'ensemble des
circonstances qu'a traversées l'animal depuis son
éclosion et qui ont déterminé tous ses actes.* Chez les
animaux supérieurs, qui éclosent avec une forme à
peu près définitive, l'éducation n'amène que des
différences très minimes dans la forme générale des
membres pourvus de squelette (muscles plus ou
moins développés, os plus ou moins denses...). Elle
a une influence bien plus considérable sur l'évolution des centres nerveux, sinon au point de vue de
leur anatomie générale qui est dirigée par le squelette, du moins au point de vue des rapports micros-
copiques des neurones entre eux, rapports micros-
copiques qui ont une si grande influence sur les
manifestations extérieures de notre activité vitale ;

à ce point de vue notre cerveau n'est jamais tout à
fait adulte, ce qui fait que nous sommes éducables
et intelligents [1].

(1) Dans le « *Déterminisme biologique* », *Op. cit.*, j'ai été amené à
considérer les actes instinctifs comme le résultat de l'activité de
parties adultes du cerveau, les actes intellectuels comme le résultat de l'activité des parties du cerveau dont les différents éléments n'ont pas encore contracté, les uns vis-à-vis des autres,
des rapports invariables. Tant que le cerveau n'est pas adulte,
l'assimilation fonctionnelle peut tracer de nouveaux chemins
dans sa substance ; nous pouvons *apprendre* des choses nouvelles ; l'homme, même très vieux, n'a jamais le cerveau tout à
fait adulte, quoiqu'il lui soit plus difficile d'apprendre ; chez les
animaux inférieurs, que nous appelons *les moins intelligents*, le
cerveau devient adulte de bonne heure. Il serait adulte dès
l'éclosion chez des animaux n'ayant que des instincts et pas de
trace d'intelligence...

CHAPITRE XI

CARACTÈRES SPÉCIFIQUES ET CARACTÈRES TOPOGRAPHIQUES

Nous avons vu plus haut qu'à un moment donné de l'évolution d'un être polyplastidaire, chaque élément de l'organisme peut être considéré, à deux points de vue différents, comme ayant des caractères de deux ordres différents :

1° Les caractères spécifiques qu'ils tiennent par hérédité du plastide initial à travers une série plus ou moins longue d'alternatives de condition n° 1 et de condition n° 2 ; nous savons quels sont ces caractères spécifiques ; ils consistent dans une identité qualitative des substances plastiques qui les constituent avec celles qui constituaient le plastide initial ; mais, par suite des passages à la condition n° 2, une variation quantitative est intervenue qui a modifié la proportion de ces substances plastiques constitutives.

2° Les caractères topographiques qui résultent précisément de cette variation quantitative ; nous savons en effet que les plastides d'une espèce donnée sont plus ou moins aptes à prospérer dans telles ou telles conditions mécaniques et chimiques suivant que leurs susbtances plastiques sont entre elles dans telle ou telle proportion ; or, la sélection naturelle, sans cesse agissante dans le milieu intérieur limité, fait que chaque variété de plastides est précisément la mieux adaptée aux conditions réalisées dans l'endroit même où elle se trouve. C'est là ce qui fait la fixité du caractère topographique, c'est-à-dire qu'en un point donné d'un être donné à un âge donné nous sommes toujours sûrs de trouver la même variété de tissu, muscle [1], nerf, etc...

Dans les êtres polyplastidaires élevés en organisation, les variétés des plastides constitutifs ont des caractères morphologiques extrêmement tranchés (différenciation histologique). Il est probable même que, dans ces caractères morphologiques si nettement accusés intervient une variation apparente, c'est-à-dire une influence morphogénique des substances R et des conditions spéciales de milieu, indépendamment de la variation quantitative.

La différence d'aspect entre les divers éléments histologiques d'un même organisme polyplastidaire est telle qu'elle est susceptible de masquer pour ainsi dire les différences spécifiques. En voici un exemple :

(1) Il peut arriver dans la variation quantitative, que l'une des substances plastiques constituant le plastide disparaisse *totalement*. Nous avons vu que probablement toujours dans ce cas (expériences de mérotomie) le résultat de cette ablation totale n'est plus un plastide, n'est plus doué de vie élémentaire et est par conséquent à la condition n° 2 dans n'importe quel milieu, même le plus favorable ; mais si un plastide voisin peut de temps en temps lui fournir ce qui lui manque, le plastide mérotomisé sera, pendant ces moments spéciaux à la condition n° 1 et assimilera. J'ai été conduit ailleurs par des considérations toutes différentes (*Théorie nouvelle de la vie*, l. IV, Plastides incomplets) à considérer les muscles, les glandes et en général tous les tissus qui fonctionnent sous l'influence du système nerveux, comme des plastides incomplets que l'influx nerveux complète momentanément et qui, le reste du temps, sont à la condition n° 2 et se détruisent plus ou moins vite.

Je considère un crapaud et une grenouille, animaux différents provenant d'œufs de différentes espèces. Ce sont précisément les différences existant entre les œufs qui font que le développement de l'un donne un crapaud, celui de l'autre une grenouille ; le développement est, nous l'avons vu, un réactif très sensible qui met en évidence des différences minimes dans la constitution des œufs.

Il y a cependant assez de ressemblance générale entre les deux espèces considérés pour que leur anatomie soit grossièrement similaire et si, en un point de la grenouille, je trouve un muscle, je trouverai aussi un muscle au point correspondant du crapaud.

Eh bien, j'arrache un muscle à la grenouille, et le muscle homologue au crapaud ; je prends dans la même région de ces deux muscles deux éléments musculaires. Ces deux éléments présenteront des ressemblances morphologiques incontestables ; un élève peu habitué à l'histologie ne pourra manquer de reconnaître au microscope l'élément musculaire du crapaud s'il connaît celui de la grenouille ; bien plus ! il ne saura pas les distinguer l'un de l'autre ! et cependant l'un d'eux est de l'espèce crapaud [1], l'autre est de l'espèce grenouille. C'est donc que les caractères topographiques sont plus frappants que les caractères spécifiques ; on reconnaît plus facilement la variété du tissu que sa nature spécifique.

Ce fait que le caractère topographique est morphologiquement plus saillant que le caractère spécifique, donne une importance nouvelle au principe de la cor-

____

(1) Voyez plus haut la définition de l'espèce des plastides, p. 62.

rélation. C'est lui qui nous conduit à la notion des types ou plans d'organisation dans les grands groupes du règne animal et à la notion morphologique de l'homologie. Des points correspondants chez un crapaud et une grenouille sont des points situés à peu près de la même manière par rapport au squelette de membres accomplissant des fonctions équivalentes. Les conditions réalisées en ces points le sont précisément à chaque instant par la nature de la fonction à accomplir et il se trouve que deux plastides d'espèces différentes qui accomplissent la même fonction *se ressemblent beaucoup*.

Cette remarque est la base de l'anatomie comparée ; elle permet de donner des noms aux tissus indépendamment de l'espèce à laquelle ils appartiennent et de dire : il y a tant de tissus : le tissu épithélial, le tissu musculaire, le tissu nerveux, etc...

C'est aussi cette remarque qui nous permettra de comprendre le principe de Fritz Müller, c'est-à-dire le parallélisme établi entre l'embryologie et la généalogie.

J'ai généralement choisi mes exemples dans le règne animal, parce que le but de toutes les recherches biologiques étant, somme toute, la compréhension de la nature humaine, les animaux nous intéressent plus immédiatement que les végétaux ; mais tout ce j'ai dit dans les pages précédentes, s'applique aussi bien aux plantes qu'aux bêtes.

La différence entre les deux règnes se réduit à la suivante : parmi les substances du terme R de l'équation de la vie élémentaire manifestée, il y en a une, hydrocarbonée, la cellulose, commune à tous les végétaux et qui encroûte les cellules au moment même de leur formation de manière à emprisonner chaque plastide dans des cloisons rigides. Une fois le plastide végétal formé, il se trouve donc morphologiquement invariable, quoi qu'il arrive, ou à peu près. C'est là une grande différence avec les plastides animaux qui conservent au contraire, malgré leurs cloisons de substances R une grande dose de variabilité morphologique. Au point de vue des effets d'ensemble, chaque plastide végétal se trouve donc isolé de son voisin et la contraction du protoplasma dans les cellules végétales ne donne pas de mouvement d'ensemble aux branches.

De toutes les manières, la vie élémentaire manifestée des divers plastides constituant un végétal est plus isolée, plus indépendante que celle des éléments histologiques animaux. Il y a cependant différenciation histologique, comme nous avons vu que cela devait se produire pour tous les êtres polyplastidaires massifs [1] indistinctement, mais cette différenciation histologique est moins grande que chez les animaux, quoiqué, de même que chez ces derniers, les cellules remplissant les mêmes fonctions soient assez semblables chez des espèces différentes.

Il s'établit dans les squelettes de plastides morts (vaisseaux) ou dans des interstices entre les plastides vivants, des courants nutritifs, qui vont souvent s'ouvrir à l'extérieur à l'extrémité supérieure et qui assurent le renouvellement du milieu intérieur. Il est donc bien naturel que les parties supérieures des arbres, recevant les courants nutritifs qui ont déjà irrigué le bas de la plante, se trouvent dans des conditions différentes et qu'il s'y produise des variations spéciales ; c'est à l'extrémité des rameaux

---

(1) Voyez plus haut, chap. ix.

qu'apparaissent les fleurs ; il y a en outre, dans certains arbres, des différences macroscopiques entre les feuilles de la base et celles du sommet.

Voici, par exemple, un vieux houx. Chacun a pu observer qu'il existe, dans les grands individus de cette espèce, un dimorphisme foliaire très remarquable. Les feuilles des branches inférieures sont ondulées et épineuses, celles des branches les plus élevées sont régulièrement ovales et inermes. Les conditions topographiques sont donc différentes à la base et à la cime de l'arbre, ce que suffit à expliquer la différence des chemins parcourus par les sucs nutritifs venus des racines et leur épuisement progressif.

Je détache une branche de la cime et j'en fais une bouture ; il est à remarquer d'abord que cette bouture prend moins facilement qu'une bouture semblable détachée de la base de l'arbre, parce que la première est adaptée à des conditions de nutrition différentes.

La bouture prend ; croyez-vous que les feuilles ovales déjà existantes vont devenir ondulées épineuses ? Evidemment non. Elles sont figées dans leur forme par leur squelette ; mais les nouveaux bourgeons qui vont se former donneront des feuilles ondulées épineuses à cause de leur condition topographique.

L'expérience sera encore plus frappante, si, au lieu d'en faire une bouture, je greffe à la base même de l'arbre le rameau détaché de la cime.

Réciproquement, je détache un petit rameau à la base et je le greffe à la cime du même arbre dans la région à feuilles ovales régulières. Les feuilles préexistantes, ondulées épineuses, resteront ondulées

épineuses jusqu'à ce qu'elles meurent par envahisse-
ment squelettique [1], mais, au bout de quelque temps,
les feuilles qui proviendront des nouveaux bourgeons
poussés sur le rameau greffé seront ovales régulières.
Ceci prouve la nécessité, surtout pour les espèces
à encroûtement squelettique rapide, de bien tenir
compte pour s'expliquer la morphologie d'un organe,
des conditions dynamiques réalisées *au moment précis où cet organe se construit*. Nous aurons à revenir
sur cette remarque dans l'étude de la cicatrisation ;
il ne faut jamais oublier que l'individu est fonction
du temps ; cet oubli est la source de l'erreur individualiste, comme nous le verrons souvent dans le
prochain chapitre.

(1) Voyez l'Individualité, *Op. cit.*, p. 117 et sq.

CHAPITRE XII

LA CICATRISATION

Je détruis dans un organisme adulte donné C l'élément (A*c*) occupant la position topographique A. Puisque j'ai supposé l'organisme adulte, c'est qu'il y a équilibre établi par balancement organique, corrélation et coordination dans son ensemble. La destruction de l'élément A*c* entraîne donc forcément une destruction de l'équilibre établi, puisque *tous* les éléments du milieu intérieur collaboraient à cet équilibre. La destruction de l'équilibre donne lieu à un phénomène nouveau qu'on appelle la *cicatrisation*. Plusieurs cas peuvent se présenter.

1° L'élément détruit était tellement important pour la coordination générale constituant la vie individuelle, que sa disparition entraîne la mort immédiate ; autrement dit, par suite de la disparition de cet élément, le milieu intérieur ne se renouvelle plus ; tous les éléments constitutifs du corps sont condamnés à la mort élémentaire qui survient plus ou moins vite pour les divers tissus. Dans ce cas, il n'y a pas de cicatrisation. C'est ce qui arrive quand on pique le nœud vital dans le plancher du quatrième ventricule ; la respiration s'arrête, la mort survient par asphyxie.

2° La destruction de l'élément considéré n'entraîne pas la mort, autrement dit, une coordination subsiste qui assure le renouvellement du milieu intérieur ; cependant l'équilibre est détruit, la corrélation préexistante a disparu ; l'activité des divers tissus va modifier l'organisme lésé jusqu'à ce qu'une nouvelle corrélation se produise, qu'un nouvel état adulte soit réalisé. L'intervalle qui s'écoulera entre le moment de la lésion et la réalisation de ce nouvel état adulte s'appelle la période de cicatrisation.

Si la lésion a été peu importante, les troubles qui en résultent, l'activité cicatrisante, semblent limitées à la région lésée, parce que leur importance dans les autres régions de l'organisme est assez faible pour qu'ils passent inaperçus, mais, si l'on a bien compris la signification du principe fondamental de la corrélation, on ne pourra jamais admettre que l'individu *entier* ne soit pas troublé ; la cicatrisation paraît locale et est, en réalité, générale.

Le résultat de la cicatrisation est la réalisation d'un *nouvel* état adulte qui peut, suivant les cas, être à peu près identique à, ou notablement différent, de celui qui préexistait à la lésion ; nous nous rendrons compte de ce qui se passe dans les différents cas en étudiant les processus qui prennent place dans la période de cicatrisation.

α. La lésion a été très peu importante ; les phénomènes généraux sont absolument inappréciables, les troubles locaux sont seuls saillants. Les éléments qui bordent la région lésée et qui étaient adaptés à des conditions dans lesquelles entrait, comme facteur important, la contiguïté des parties aujourd'hui détruites, se trouvent dans des conditions nouvelles.

Il peut arriver que, par suite de ce changement de conditions, quelques-uns de ces éléments soient atteints, à leur tour, par la mort élémentaire, mais, par hypothèse, dans le cas où nous nous sommes placés, cette nécrose est locale et *circonscrite*, sans quoi nous nous trouverions ramenés au premier cas où la mort résulte de la lésion. Nous sommes donc forcés d'admettre qu'après la destruction d'un certain nombre d'éléments locaux, la région mortifiée se trouve limitée, de toutes parts, par des tissus à la condition n° 1. Ces tissus à la condition n° 1 vont proliférer, donner des bourgeons de cicatrisation, jusqu'à ce que le nouvel état adulte soit réalisé, la corrélation rétablie.

Quelquefois (arbres, vieillards[1], et en général tous les êtres chez lesquelles les substances R solides ou substances squelettiques encroûtent les tissus en grande abondance), ce nouvel état adulte se trouvera atteint sans que le vide causé par la nécrose ait été comblé ; il restera ce qu'on appelle une cicatrice de la blessure.

Le plus souvent, pour une blessure légère chez les animaux jeunes et vigoureux, les bourgeons de cicatrisation combleront tout à fait le vide résultant de la nécrose ; mais alors, la lésion ayant été peu importante, les conditions de milieu (au sens général expliqué plus haut) se retrouveront, en chaque point de la région cicatrisée, à peu près les mêmes que dans les mêmes points avant la lésion ; tous les éléments de nouvelle formation, quelle que soit d'ail-

---

(1) Chacun sait combien la cicatrisation est lente et incomplète chez les vieillards ; quant aux arbres, il suffit de couper une branche pour se rendre compte que, le plus souvent, la lésion opérée persiste et qu'il se produit une nécrose plus ou moins profonde au-dessous de la surface de section ; on trouve autant d'exemples qu'on peut en désirer de cette nécrose cicatricielle dans les rosiers et les arbres fruitiers taillés par les jardiniers.

leurs leur provenance, reprendront donc, par suite de l'adaptation guidée par la sélection naturelle, les caractères des éléments qui, aux mêmes points, préexistaient à la lésion ; les conditions topographiques étant restées les mêmes, les caractères topographiques seront les mêmes ; il y aura eu cicatrisation parfaite, le nouvel état adulte sera peu ou pas différent de l'état adulte préexistant à la blessure.

C'est pour cela que l'on considère le plus souvent chaque tissu comme capable de se cicatriser pour son compte personnel en produisant ses propres éléments et non d'autres, pour remplacer ceux qui ont été détruits par la nécrose ; on admet ainsi, sans y prendre garde, que chaque élément histologique est définitivement fixé comme variété quantitative, alors que, jusqu'à un certain point au moins, la variété quantitative d'un tissu est toujours le produit actuel de sa situation topographique.

Nous avons vu, à propos de la bactéridie charbonneuse, que chaque variété de virulence donnée se multipliait à la condition n° 1 avec tous ses caractères ; c'est même là la définition précise de la condition n° 1. Dans un organisme pluricellulaire adulte toutes les fois qu'un tissu se trouve à la condition n° 1, il se multiplie avec tous ses caractères ; l'assimilation fonctionnelle fait qu'un muscle qui travaille beaucoup grossit tout en restant muscle, parce que la multiplication des éléments musculaires donne des éléments musculaires et que ces nouveaux éléments se trouvant dans une situation topographique tout à fait comparable à celle de leurs parents sont par là même adaptés à cette situation topographique et ne varient pas. C'est pour cela que l'état adulte est possible.

Mais l'état adulte indique un équilibre parfait, une adaptation parfaite de chaque élément à sa situation topographique [1] et c'est seulement dans le cas de cette adaptation parfaite que chaque tissu, en proliférant, donne des éléments semblables à ceux dont il est constitué ; dans tout autre cas il peut y avoir variation quantitative et adaptation nouvelle par sélection.

Or c'est précisément ce qui a lieu pendant la période de cicatrisation ; l'équilibre est rompu par la lésion ; tel muscle qui se trouvait à la condition n° 1, quand il se contractait avant la blessure, se trouvera-t-il encore dans les mêmes conditions de milieu lorsqu'il se contractera après qu'une blessure l'aura mis à nu ? Rien ne nous permet de le croire, évidemment. L'assimilation fonctionnelle n'existe à chaque instant que comme un équilibre général obtenu par la corrélation et la sélection adaptative. Donc, il ne faudra pas nous étonner s'il intervient des variations quantitatives dans des bourgeons de cicatrisation ; pendant la période de cicatrisation, qui est une période de réorganisation, un nouvel équilibre se récupère et tant qu'il n'est pas définitivement obtenu, il n'y a plus rien de statique dans l'endroit considéré du corps. Metchnikoff [2] n'a-t-il pas vu, dans certains processus de cicatrisation, des leucocytes qui devenaient des éléments fixes de tissu conjonctif ?

---

(1) Pour toutes ces considérations je me suis placé dans l'hypothèse d'un animal adulte pour éviter une complication inutile ; tous les mêmes raisonnements pourraient s'appliquer à un un organisme en cours d'évolution individuelle, puisqu'il est coordonné à chaque instant ; seulement les coordinations successives varient et sont en rapport avec la masse sans cesse croissante de l'agglomération polyplastidaire.

(2) Metchnikoff. *Leçons sur l'Inflammation.*

Nous sommes arrivés par de simples raisonnements à cette manière d'envisager la cicatrisation quand elle fait disparaître une lésion de peu d'importance ; j'emprunte à un livre récent [1] le résumé suivant des faits, connus pour montrer qu'ils sont bien d'accord avec le résultat de notre déduction.

« Lorsque, dans un organisme vivant, on fait une incision dans les tissus et qu'on maintient ses lèvres en contact, celles-ci se soudent. Les cellules entamées par la section se détruisent, souvent les cellules sous-jacentes sur une certaine épaisseur meurent aussi et leur substance est absorbée peu à peu par les éléments restés vivants. Ceux-ci... se multiplient activement, et ce sont ces cellules jeunes qui se soudent d'une lèvre de la plaie à l'autre et les réunissent. A l'exception de quelques tissus très réfractaires, comme parfois le muscle, le cartilage, chaque tissu travaille *pour son compte* [2] et fournit les éléments de la soudure. Certaines cellules comme celles de l'épiderme, ont d'emblée leur caractère spécifique [3], d'autres, dans l'os par exemple, se transforment par une différenciation ultérieure en celles du tissu qu'elles doivent souder [4] ; d'autres enfin gardent un caractère différent comme dans le muscle, le cartilage, qui, souvent mais pas toujours, se ressoudent par l'intermédiaire d'un tissu fibreux [5]. »

β. La lésion a été très importante, sans cependant amener la mort ; la région nécrosée se trouve

---

(1) Delage, *L'Hérédité*, p. 103.

(2) Voyez à la page précédente, ligne 6.

(3) Lisez « *topographique* ».

(4) Adaptation se faisant petit à petit pendant la période de cicatrisation.

(5) État adulte nouveau différent de l'ancien.

forcément limitée, comme dans le cas précédent, sans quoi la mort résulterait de la blessure ; ce qui, par hypothèse, n'est pas le cas dont nous nous occupons.

Les phénomènes généraux dus à la rupture de l'équilibre de l'organisme ne sont plus inappréciables (maladie, fièvre) ; le bourgeonnement qui a lieu autour de la région mortifiée produit des éléments nouveaux, naturellement soumis à la sélection adaptative et déterminant, au bout de la période de cicatrisation, une nouvelle coordination, un nouvel état adulte, puisque, par hypothèse, la mort ne résulte pas de la blessure dans le cas considéré.

Mais, puisque nous avons supposé la lésion importante, la partie mortifiée considérable par rapport au reste de l'organisme, il pourra arriver que, par suite de l'absence de cette partie mortifiée, les conditions réalisées en chaque point de la région qui se cicatrise soient notablement différentes, pendant la période de cicatrisation, de celles qui existaient aux mêmes points topographiques avant la lésion. Il en résultera que le nouvel état adulte pourra ne ressembler que de loin à l'ancien ; chacun connaît des milliers d'exemples de cas où la cicatrisation a laissé une large trace de la blessure (amputation d'un bras chez l'homme, etc.).

Dans le cas que nous venons de considérer, il est certain que le phénomène de la cicatrisation n'est pas purement local ; il y a des troubles généraux dans tout l'organisme. Comment se fait-il alors que la section d'un bras n'entraîne pas de modification générale dans la morphologie de l'organisme restant ? C'est que nous l'avons déjà fait remarquer à plusieurs reprises, LE RESTE DE L'ORGANISME EST FIXÉ MORPHOLOGIQUEMENT PAR SON SQUELETTE. Pour certains

animaux mous, les hydres par exemple, la forme
générale du tronçon qui reste après une section
importante, n'étant pas fixée par des parties squelettiques dures, l'agglomération, sans cesse douée
de la même plasticité morphologique, prend une
forme d'équilibre en rapport avec sa masse cellulaire,
et cette forme, qui est précisément celle d'une hydre
de moindre dimension [1], est notablement différente
de celle du tronçon résultant de la mérotomie. On
ne peut pas dire, comme dans des cas que nous
étudierons tout à l'heure, que le tronçon restant a
régénéré la partie qui lui manquait, mais bien qu'il
s'est transformé en une hydre plus petite, seule
position d'équilibre possible pour une agglomération
de cellules d'hydre ayant le volume considéré : le
tronc de cône n'aura pas régénéré sa pointe, il se
sera transformé en un cône plus petit.

Même chez l'hydre cette récupération de la forme
spécifique n'est pas absolue ; car il y a toujours un
squelette conjonctif plus ou moins abondant, mais
le cas est très différent de celui de l'homme où l'amputation d'un bras donne un manchot et non un
homme *plus petit* muni de deux bras. Même dans le
cas du manchot, je le répète, la cicatrisation n'est
pas un phénomène local, mais un phénomène qui
intéresse l'ensemble de l'organisme et, si le squelette ne s'y opposait par la rigidité de sa forme,
une lésion aussi importante que l'amputation d'un
bras chez l'homme aurait un retentissement évident
sur la morphologie totale de l'individu.

(1) L'hydre est un bon exemple de la nature des caractères
topographiques ; quand on retourne une hydre (expériences de
Tremblay), les éléments endodermiques deviennent ectoder-
miques, et *vice versa*.

Aux biologistes qui déclarent que la forme du corps est à chaque instant la forme d'équilibre nécessaire de l'agglomération polyplastidaire qui constitue l'individu, on a souvent objecté que, si cela était vrai, un homme à qui on coupe le bras ne resterait pas manchot : « Si ce sont les conditions réalisées dans l'organisme et dans le milieu qui déterminent la formation d'une jambe en un point du corps, pourquoi, *les conditions restant les mêmes*, une jambe ne pousse-t-elle pas à la place d'une jambe coupée ? » C'est que, précisément, *les conditions ne sont plus les mêmes*. C'est l'activité des substances plastiques qui, *à chaque instant*, détermine la morphogénèse ; elle seule entre en ligne de compte dans la construction des individus polyplastidaires, mais, nous l'avons déjà fait remarquer plusieurs fois, cette activité s'accompagne à la condition n° 1 de la production de substances squelettiques R qui encombrent l'organisme et rendent sa forme de moins en moins malléable, de sorte que les conditions dynamiques desquelles est résultée la formation d'un organe *peuvent disparaître* sans que, soutenu par son squelette et adapté par suite même de l'existence de ce squelette à de nouvelles conditions, l'organe disparaisse. Les conditions desquelles est résultée la formation d'une jambe chez un enfant qui ne marchait pas, n'existent plus chez l'adulte dont la jambe reste coordonnée par le fonctionnement ambulatoire ; on a tort de comparer des choses qui ne sont pas comparables, la formation de la jambe chez l'embryon et la conservation de la jambe chez l'adulte ; or, c'est ce que l'on fait précisément en posant l'objection précédente au déterminisme embryologique.

Il en est de même lorsqu'on compare l'effet pro-

duit par l'ablation d'un organe chez l'adulte fixé par
un squelette, à celui qui résulte de l'ablation du
même organe chez l'individu en voie de développement. L'histoire de l'ablation des organes génitaux
est intéressante à cet égard, et sa place se trouve
naturellement au chapitre de la *Cicatrisation*.

Pendant toute la période du développement, jusqu'à l'âge appelé adulte, l'organisme est une fonction du temps, fonction dont les variations sont très
sensibles pour une variation suffisante de la variable ;
à partir de l'état adulte, les variations de la fonction,
quoique se produisant en réalité, deviennent inappréciables pour des périodes considérables de temps
à cause de l'équilibre résultant du balancement
organique. A aucun moment de la vie on n'a le
droit de raisonner rigoureusement sur l'organisme
comme s'il était identique à ce même organisme
considéré à un autre moment [1] ; mais c'est surtout
pendant la période du développement que cette confusion est dangereuse. Il ne faut donc pas s'étonner
si des conditions, réalisées à un âge déterminé et
permettant la formation d'un tissu déterminé ne peuvent plus se retrouver à un âge plus avancé et produire la rénovation de ce tissu après son ablation
totale. C'est ce qui a lieu pour les organes génitaux.

Si l'on pratique, chez un adulte, l'ablation des
organes génitaux, la cicatrisation qui résulte de la
lésion, quand la mort ne survient pas, entre dans
le dernier des cas précédemment étudiés ; l'adulte
qui en provient est *différent* de l'adulte qui préexistait à la lésion ; un nouvel état d'équilibre s'est

---

(1) « Le temps, dit Pascal, guérit les douleurs et les querelles
parce qu'on change, on n'est plus la même personne. » Voyez
l'Individualité dans le temps. (*L'Individualité*, op. cit.)

réalisé dans lequel les éléments génitaux n'entrent plus en ligne de compte. Toute la vie ultérieure en est donc modifiée, mais ces modifications sont plus ou moins apparentes à l'extérieur suivant le moment où l'opération a été pratiquée. Si l'opéré est adulte, c'est-à-dire si ses formes sont fixées définitivement par un squelette de substance R, le retentissement de la castration sur la morphologie générale sera peu ou pas appréciable ; il n'en sera pas de même si l'opéré est en voie de développement ; l'adulte qui en proviendra sera nettement différent de celui qui en fût provenu sans la castration ; ce sera, bien évidemment, un individu *nouveau*, qui aura été substitué à l'ancien [1].

Cet exemple de la non-régénération des organes génitaux a été souvent invoqué pour prouver ce qu'on peut appeler la *spécificité* des tissus et du tissu reproducteur en particulier, mais cette conclusion est erronée pour la même raison que nous avons vue tout à l'heure et sur laquelle je ne crains pas d'insister encore une fois, à cause de sa très grande importance :

Les conditions que nous étudierons plus loin, qui ont déterminé la transformation en tissu génital d'éléments préexistants, ont été réalisées à un moment de l'évolution individuelle et peuvent ne plus l'être ultérieurement, ou, tout au moins, si la conservation des éléments génitaux par bipartitions successives est restée possible en un point déterminé de l'organisme, l'expérience prouve qu'un *autre* état d'équilibre est également possible après ablation de ces éléments, sans que des éléments similaires soient formés à nou-

____

(1) Voyez les remarquables observations de Giard sur la castration parasitaire.

veau. C'est encore le même cas que tout à l'heure : l'état dynamique duquel est résultée la formation de l'organe a disparu, mais l'organe a continué d'exister dans des conditions différentes de celles qui ont présidé à sa formation. *Le développement a lieu une fois pour toutes ;* l'organisme est une fonction du temps $f(t)$. Pour deux valeurs différentes t_0 et t_1 de la variable, il se peut que $f(t_0)$ et $f(t_1)$ ne paraissent pas très différentes, mais elles le sont toujours en réalité, et il ne faut jamais demander à $f(t_1)$ de se comporter comme l'a fait $f(t_0)$ dans des conditions extérieures identiques, car, malgré la ressemblance de ces deux valeurs, il y a toujours entre elles deux les différences, quelquefois peu apparentes, qui résultent de l'assimilation fonctionnelle dans l'intervalle de t_0 à t_1.

Et c'est pour cela que, rigoureusement parlant, la cicatrisation d'une lésion n'est jamais parfaite parce que, entre l'adulte avant et l'adulte après la lésion, il y a toujours, au moins, la différence qui résulte du travail même de la cicatrisation.

Dans le cas de la castration nous avons trouvé un exemple de tissu qui ne peut se reproduire chez l'adulte après son ablation totale ; cela a été, en partie du moins, le point de départ de la théorie que nous étudierons plus tard de l'existence d'un plasma germinatif spécial. Cela a conduit aussi à considérer la glande génitale comme une sorte de parasite de l'organisme [1]. Il y a, dans cette manière de s'exprimer, un certain danger comme nous allons le voir :

(1) Un parasite intervient dans la corrélation générale ; on l'enlève, un nouvel état adulte se réalise, ce qui prouve que plusieurs états adultes sont possibles ; c'est ce qui a lieu dans le cas de l'ablation des organes génitaux qui ne se reproduisent pas, comme nous le voyons dans les lignes qui suivent.

D'abord, il est inutile de faire remarquer que les raisonnements, desquels nous avons tiré le principe de la corrélation, étant les mêmes quelle que soit l'origine des éléments constitutifs de l'organisme, les parasites, vivant en symbiose établie avec l'animal, interviennent, pour leur part, dans la corrélation générale, absolument comme s'ils dérivaient du même plastide. Ils influent donc sur l'hôte qui influe sur eux de son côté et la seule différence véritable entre les éléments du parasite et ceux de l'hôte, quand la symbiose est établie, l'équilibre obtenu, est que les caractères *spécifiques*[1] sont communs, aux éléments du parasite d'une part, aux éléments de l'hôte d'autre part, mais sont différents des premiers aux seconds. Il est donc absurde, à ce point de vue, de considérer les organes génitaux comme des parasites et, de plus, cette manière de voir est nuisible parce qu'elle amène à croire que ces organes sont bien plus indépendants que cela n'a lieu en réalité, du reste de l'organisme. Nous verrons l'inconvénient de cette croyance dans l'étude de l'hérédité.

La virulence et l'immunité nous ont donné des exemples frappants de l'existence de la corrélation *générale* due à la sélection adaptative dans un individu infesté de parasites[2] ; les cas de castration parasitaire montrent l'influence des parasites sur la morphologie générale des hôtes ; la déformation si remarquable des êtres qui deviennent parasites montre l'influence de l'animal infesté sur l'animal

(1) Voyez plus haut, page 62, la définition de l'espèce des plastides.

(2) Voyez particulièrement le retour à la virulence et l'état réfractaire obtenu par vaccination, comme exemples très probants de l'influence réciproque des hôtes sur les parasites et des parasites sur les hôtes (p. 37 et 51).

infestant. Dans tous les cas, la corrélation est manifestement générale dans un milieu intérieur donné.

Cette digression un peu longue nous a écartés du sujet de ce chapitre, *la Cicatrisation ;* nous avons vu pourquoi il est très compréhensible qu'un organe amputé ne repousse pas ; *c'est que,* avons-nous dit, *les conditions qui ont déterminé la formation d'un organe donné en un point du corps, à un certain moment de l'évolution individuelle* PEUVENT NE PLUS L'ÊTRE *ultérieurement ;* et ce cas se présente souvent en effet ; mais il n'en est pas forcément ainsi.

Même dans les cas où, comme dans l'amputation d'un membre chez un mammifère, la cicatrisation se borne, pour ainsi dire, à une obturation du trou résultant de l'opération, nous savons qu'il y a prolifération des tissus qui limitent la partie nécrosée et que, les conditions locales étant changées par la blessure importante réalisée, la *variété histologique* des éléments proliférants cesse d'être fixée par la même sélection qu'auparavant. Il y a donc une latitude relativement très grande dans la nature des éléments résultant de la prolifération cicatrisante, quelle que soit d'ailleurs leur origine.

Chez les animaux élevés en organisation comme les mammifères, les oiseaux, la coordination est si complexe que la mort survient si un état d'équilibre nouveau n'est pas rapidement obtenu. Pour cette raison, et peut-être pour d'autres (puisque la même particularité se constate chez les poissons), la plupart des cas connus de cicatrisation, ne montrent guère, chez ces animaux, qu'un travail morphogénique très rudimentaire.

Mais chez d'autres animaux plus résistants et moins compliqués, les salamandres, par exemple, il n'en est plus ainsi ; la prolifération est abondante au niveau de la blessure et, dans les tissus de nouvelle formation ainsi obtenus, une sélection adaptative s'opère constamment, en rapport avec les conditions générales réalisées à chaque instant dans l'organisme entier ; or, il est immédiatement évident que les tissus ainsi formés étant *jeunes*, sont par là même dépourvus de l'encroûtement de substances squelettiques R qui caractérise les tissus ayant longtemps fonctionné [1] (alternatives de condition n° 1 et de condition n° 2) ; le moignon qu'ils constituent est donc, à chaque instant, susceptible de prendre une forme déterminée par les conditions mécaniques du moment, tant que son squelette n'est pas constitué.

Alors, il peut se présenter deux cas :

1° Les conditions mécaniques qui ont présidé à la formation de l'organisme, tel qu'il existait au moment où la blessure a été faite, ne se sont pas conservées, et l'organisme n'a gardé sa forme que grâce à la fixité de son squelette de substances R ; alors le moignon prendra une forme quelconque qui pourra être sans aucun rapport avec celle de l'organe amputé, et cela arrive quelquefois ; n'a-t-on pas cité récemment le cas de ces crustacés du genre *Palœmonetes* chez lesquels la section de l'œil détermine la naissance, à la place de cet organe visuel, d'une tige pluriarticulée ressemblant à une antenne ? Ce premier cas est le moins intéressant.

2° Les conditions mécaniques qui ont présidé à la formation de l'organisme se sont conservées, autrement dit, pour employer une expression imagée, l'adulte aurait la même forme spécifique, même si

(1) Voyez plus haut, ch. ix, et *l'Individualité*, op. cit. Pourquoi l'on devient vieux.

son squelette n'existait pas. Dans ce cas, le bourgeon de cicatrisation ne pourra *devenir adulte* qu'en récupérant exactement la forme du membre coupé au squelette près, naturellement, puisque le squelette du membre coupé était le résultat d'un long fonctionnement accumulant les substances R solides. Et encore ne sera-ce que ce qui dans le squelette provenait d'un long fonctionnement (dureté et caractères qui s'y rapportent) qui ne sera pas reproduit dans le bourgeon de cicatrisation.

Par exemple, si le squelette mou du membre jeune ressemble morphologiquement au squelette dur du membre adulte, ce squelette se reproduira directement avec sa forme, comme cela a lieu, par exemple, pour la patte du triton.

Mais si le squelette dur de l'adulte n'a pris sa forme définitive que par suite d'un long fonctionnement accumulant les substances R solides en certains points, il pourra arriver que le squelette qui se produit dans le moignon, présente (mais en tant que squelette seul) des caractères qu'on peut considérer comme embryonnaires ; cela a lieu, par exemple, pour la queue du lézard qui se régénère avec une corde dorsale et un squelette superficiel rappelant ceux de l'embryon.

Cet exemple et quelques autres du même genre ont fait croire que, dans la régénération des membres amputés, le processus de fabrication des organes répétait le processus embryologique ; c'est une erreur due à la trop grande importance attribuée au squelette ; c'est, je le répète, l'activité des substances plastiques seule qui est morphogène ; les substances squelettiques résultant de cette activité (substances R de la vie élémentaire manifestée) interviennent au fur et à mesure de leur production dans la détermination des *conditions mécaniques* de la morphogénie, mais seulement là ; ce sont des témoins passifs, jamais actifs.

Les crustacés décapodes chez lesquels la régénération[1] est si remarquable, nous prouvent immédiatement que le parallélisme a été établi à tort entre la régénération et l'embryologie ; ces animaux résultent à l'état adulte d'une série de mues qui peuvent se comparer à des éclosions successives ; chaque mue consiste dans la perte d'un squelette extérieur dur fixant la forme générale de l'être et souvent en dépit de la forme d'équilibre normale à l'être puisque, le squelette tombé, la forme change, au moins pendant les premières mues. Il est donc bien certain que, après chaque mue, la forme générale du corps est bien la forme d'équilibre de l'ensemble de ses plastides, indépendamment du squelette ; c'est le cas, énoncé plus haut, où la régénération des membres est probable sinon certaine ; une fois l'animal adulte, les mues ne changent plus sa forme, ce qui prouve que le squelette épouse réellement la forme d'équilibre de l'organisme et ne la contraint pas.

Eh bien ! cassons une patte à un crabe adulte : c'est naturellement une patte de crabe adulte qui repoussera si notre raisonnement est juste et qui repousse en effet comme le prouve l'expérience et non, comme le voudrait la théorie mystérieuse du parallélisme, une patte d'une des formes larvaires du crabe.

(1) J'emploie ce terme régénération, quoiqu'il présente à mon avis, les mêmes inconvénients que les expressions retour à la virulence (v. ch. iv), évolution cyclique (v. p. 79) ; je l'emploie parce qu'il est d'un usage courant, mais j'aimerais mieux conserver le mot cicatrisation parce que le mot régénération semble faire croire que la cicatrisation *reproduit* l'organe disparu.

A aucun moment, dans les lignes précédentes, nous n'avons supposé que la partie amputée de l'organisme était plus ou moins grande que la partie restante ; la seule hypothèse que nous ayons faite pour étudier ce qui se passait après la lésion, c'est que la *mort*[1] de la partie restante ne résultait pas du traumatisme, sans quoi il n'y eût eu aucun intérêt à étudier les phénomènes ultérieurs. Tout ce que nous avons dit est donc vrai pour un tronçon quelconque d'animal polyplastidaire, pourvu que le renouvellement du milieu intérieur continue à s'effectuer. Si donc nous coupons un animal en deux parties et que chacune des deux parties reste vivante[2], chacune des deux régénérera un animal entier, c'est-à-dire que l'activité bourgeonnante de l'une des parties reproduira l'autre. Cette particularité ne présente rien d'essentiellement nouveau, et c'est à tort qu'on a cru devoir lui donner un nom spécial (régénération équivoque (Weissmann), régénération réciproque (Delage).

Je crois inutile d'insister plus longuement sur ces questions de régénération que l'on a souvent considérées comme très mystérieuses, surtout, je crois, à cause des idées que l'on s'est faites de la *spécificité* cellulaire. Tout ce que nous avons vu jusqu'à présent nous a amenés à considérer *tous* les éléments histologiques de l'organisme comme dérivant du plastide initial par une variation purement quantitative et, par conséquent, nous ne pouvons pas nous étonner que les éléments d'un tissu puissent, dans des con-

[1] Mort, c'est-à-dire arrêt de renouvellement du milieu intérieur.

[2] Vivante, c'est-à-dire que le milieu intérieur continue d'y être renouvelé.

ditions spéciales, après un traumatisme par exemple, être soumis à des variations qui, guidées par la sélection adaptative, donnent naissance à des variétés de plastides caractéristiques d'un autre tissu. Cette considération et celle de la forme spécifique déterminée à chaque instant (en dehors de la fixation par le squelette) par les conditions mécaniques de l'agglomération polyplastidaire, suffisent à expliquer tous les phénomènes connus de la régénération, ainsi qu'on le verra en lisant le résumé de ces faits que j'emprunte encore au livre de M. Delage[1] :

« Elle (la régénération) peut reformer : 1° des fragments de tissu (os, muscles, nerfs); 2° des membres ou des portions de membres plus ou moins étendues, depuis des doigts jusqu'au membre presque entier, mais le membre désarticulé à la hanche ou à l'épaule ne se régénère pas[2]; 3° des parties entières du corps, chez les lombrics, par exemple, les planaires ou les étoiles de mer qui, coupés en plusieurs fragments, se reconstituent en entier; 4° des portions de viscères ou des viscères entiers, foie, poumons, ovaires, etc. Bien entendu, cela ne veut pas dire que tout cela peut se régénérer chez tous les animaux, mais qu'il y a des animaux où cela peut se régénérer.

« En somme, la régénération, du moins celle de parties quelque peu étendues est plutôt exceptionnelle que fréquente chez les animaux et bien plus encore chez les plantes.

« La répartition de la faculté régénératrice est très irrégulière dans le règne animal. D'une manière

____

(1) Delage. *Op. cit.*, p. 94, sq.

(2) Parce que, comme nous l'avons vu dans l'ablation totale des organes génitaux (ch. xii) un nouvel état adulte devient possible dans ces conditions.

générale, elle est d'autant plus facile que l'être est moins élevé en organisation, mais cela est loin d'être toujours vrai. Elle est faible chez les mammifères, plus faible encore chez les oiseaux et les reptiles, très faible chez les poissons ; très développée, au contraire, chez les amphibiens et beaucoup plus chez les Urodèles que chez les Anoures, ces derniers n'étant guère plus favorisés sous ce rapport que les mammifères. Elle est à peu près nulle chez les céphalopodes, peu marquée chez les autres mollusques, les insectes et les autres articulés aériens, très faible chez beaucoup de vers, très marquée chez d'autres, très forte aussi chez divers Cœlentérés et Echinodermes, modérée chez les Protozoaires [1]. Et dans toutes les classes, à côté de groupes doués d'une force régénératrice accentuée, on en trouve de pauvrement doués sous ce rapport : ainsi le lézard régénère sa queue, le triton sa patte, l'étoile de mer ses bras, tandis que le serpent, la grenouille, l'oursin ne peuvent le faire.

« Elle est naturellement d'autant plus aisée que la partie enlevée est moins étendue et ses limites, très variables dans les différentes espèces, sont assez précises pour chacune d'elles. Ainsi le ver de terre (*lumbricus*) régénère aisément sa queue sur une grande étendue. Mais le fragment caudal ne peut régénérer une tête que si le segment céphalique enlevé est peu étendu, tandis que des animaux voisins, le *Lumbriculus*, la *Naïs*, coupés en plusieurs fragments, les complètent tous.

(1) Cette assertion me semble hasardée ; je ne connais, parmi les infusoires que les Paramécies qui ne se régénèrent pas ; d'ailleurs la question de la régénération chez les Protozoaires ne nous intéresse pas ici ; elle est du ressort de la vie élémentaire. (V. *Théorie nouvelle de la vie*.)

« La faculté régénératrice s'affaiblit d'ordinaire avec l'âge. Ainsi, les jeunes larves d'amphibiens anoures peuvent régénérer des doigts, mais les adultes ne le peuvent plus [1]...

« Enfin on admet que chaque tissu régénéré provient du tissu similaire de la plaie. Cette proposition, vraie en grande partie [2], n'est certainement pas toujours exacte dans toute sa rigueur et surtout elle est avancée sans preuves suffisantes. (Cela est de de toute évidence lorsque le tissu semblable n'existe pas dans la région de la plaie. Ainsi dans la région moyenne du bras du triton, il n'y a ni cartilages, ni ligaments, ni synoviale, pourtant tous ces tissus existent dans le bras régénéré).

« Un fait encore plus curieux est celui de la Planaire qui, coupée en deux tronçons, les régénère tous les deux. La tête pousse une queue et la queue une tête ; je propose de désigner cela sous le nom de *régénération réciproque* [3]..... »

On voit que tous les faits résumés dans les lignes précédentes sont en parfait accord avec tout ce que nous avait fait prévoir le raisonnement sur l'état d'équilibre des agglomérations polyplastidaires.

Il a été inutile de faire intervenir *d'une manière immédiate* la loi d'assimilation fonctionnelle dans l'explication de la régénération des membres ; en réalité, cette loi n'est en effet qu'une forme commode sous laquelle peut se traduire, pour l'étude de certains

---

(1) A cause de l'encroûtement des tissus par les substances squelettiques du terme R de l'équation de la vie élémentaire manifestée (v. ch. IX).

(2) Voyez ch. XII.

(3) Voyez page 140, les raisons pour lesquelles cette dénomination paraît inutile.

problèmes, le principe général de la sélection adaptative auquel nous avons constamment eu recours
dans nos raisonnements sur la régénération. On peut
cependant se rendre compte du. perfectionnement
progressif de l'organe régénéré par le fait qu'il se
trouvera précisément employé pour le service de
l'animal et que, par conséquent, l'assimilation fonctionnelle le rendra de plus en plus apte aux opérations qu'il exécutera. J'ai déjà fait remarquer ailleurs [1]
que le Lamarckisme est en réalité une branche restreinte du Darwinisme.....

(1) *L'Individualité*, op. cit., p. 175.

LIVRE IV

L'HÉRÉDITÉ CHEZ LES ÊTRES POLYPLASTIDAIRES

CHAPITRE XIII

L'HÉRÉDITÉ DES CARACTÈRES SPÉCIFIQUES

Il suffirait de pousser à l'extrême les conclusions de l'étude de la cicatrisation et de la régénération pour avoir une première notion de l'hérédité; nous avons vu que, si l'on divise en deux parties certains organismes polyplastidaires, chacune des deux parties est capable de régénérer l'individu tout entier ; si cela était vrai partout et toujours, on en conclurait naturellement, en passant à la limite, que lorsque cette division de l'organisme A le partage en deux segments aussi inégaux que possible, l'élément histologique a et le reliquat $(A - a)$ chacun des deux segments est capable de reproduire l'organisme entier; en d'autres termes, tout élément histologique séparé de l'organisme polyplastidaire est capable de reproduire un organisme semblable.

Mais il est certain qu'un tel raisonnement laisserait subsister le doute dans l'esprit, surtout à cause du grand nombre d'êtres chez lesquels la régénération ne se fait pas ou ne se fait que pour une partie amputée très restreinte. Chez de tels êtres la mort est fatale pour une petite parcelle détachée de l'organisme et la mort élémentaire assurée pour un plastide isolé de l'agglomération, au moins dans la plupart des cas ; or, la cicatrisation ou régénération ne se fait que dans une agglomération restée vivante.

Cette manière d'arriver à la notion de l'hérédité est donc artificielle et incomplète, et cependant le fait qu'elle annonce se vérifie chez un grand nombre d'êtres inférieurs, tous ceux dont les plastides, isolés de l'agglomération, peuvent trouver réalisée la condition n° 1 dans le milieu *extérieur* où vivait l'agglomération polyplastidaire d'où ils proviennent. Nous arriverons bien plus logiquement à l'hérédité en cessant momentanément d'attacher de l'importance à l'individu formé par l'agglomération polyplastidaire et en nous occupant seulement des plastides qui le constituent.

Pour éviter de compliquer la question dès le début, nous ferons abstraction, en commençant, des phénomènes de sexualité et de fécondation, ou plutôt, nous bornerons nos considérations générales sur l'hérédité aux êtres dont la reproduction se fait par spores ou par œufs parthénogénétiques. Ce n'est pas le cas pour le poulet que nous avons déjà pris comme exemple de développement individuel, mais nous avons choisi cet exemple uniquement parce qu'il présentait au maximum de complexité la coordination générale au moment de l'éclosion, et aussi parce qu'il était familier à tous. Bien d'autres animaux auraient fourni un exemple aussi valable, moins la complexité, et je pourrais répéter pour telle ou telle reproduction parthénogénétique ayant lieu, dans certaines conditions de milieu, chez certains insectes, tout ce que j'ai dit plus haut pour le développement de l'œuf de poulet. Je ne choisirai pas d'exemple précis, me bornant à appeler A l'être polyplastidaire qui provient du plastide initial a par une série de phénomènes absolument comparables à ceux que j'ai décrits plus haut pour le poussin.

Soit donc a un plastide initial (spore ou œuf parthénogénétique) composé, qualitativement et quantitativement de l'ensemble de substances plastiques $\alpha\,\beta\,\gamma\,\delta\,\varepsilon\,\zeta\,\eta\,\theta$. Dans les conditions où le développement a lieu[1], ce plastide a donne naissance par bipartitions successives à un organisme A pouvant être très complexe comme nous l'avons vu plus haut pour le poussin et composé de variétés *quantitatives* $a_1\,a_2\ldots,\,a_n$, éléments histologiques différant de a uniquement par les proportions des substances plastiques qui les constituent.

Que des plastides tels que a existent, capables de donner lieu à des développements aussi complexes dans des conditions très simples à réaliser, nous n'avons pas à nous en occuper ici; ce chapitre est consacré uniquement à l'hérédité et non à la formation des espèces et le problème de l'hérédité des caractères congénitaux est simplement le suivant : étant donné qu'il existe un plastide a dont le développement dans certaines conditions faciles à réaliser donne naissance à l'agglomération complexe A, comment se fait-il qu'il apparaisse dans A des plastides identiques à a?

Si, au cours du développement, les bipartitions se faisaient sans cesse à la condition n⁰ 1, tous les éléments histologiques sans exception seraient identiques à a, sauf peut-être quelques variations mor-

____

[1] Voyez plus haut ce qui est relatif à l'œuf du poulet, p. 98.

phologiques *apparentes*, dues, comme nous l'avons vu plus haut [1], aux conditions mécaniques réalisées dans le milieu. Chacun des éléments histologiques serait donc susceptible de donner, dans les conditions requises pour le développement de a, un développement conduisant à A. C'est ce qui arrive pour les êtres inférieurs, pour les colonies de protozoaires ou de protophytes, comme les colonies de bactéridies charbonneuses par exemple.

Mais tel n'est plus le cas dans les espèces supérieures ; il y a de telles variations au cours du développement que l'on ne peut plus considérer au bout de quelque temps aucun plastide comme étant identique à a.

Ces variations peuvent être simplement des variations apparentes dues aux conditions mécaniques réalisées aux divers points de l'agglomération polyplastidaire, mais elles peuvent aussi être des variations quantitatives et elles le sont certainement en effet dans le cas de quelques tissus...

Pour des éléments qui n'auraient subi qu'une variation apparente, la conclusion suivante s'impose immédiatement : dès que, dans l'organisme polyplastidaire, se réaliseront des conditions analogues à celles dans lesquelles s'est formé le plastide initial a (et il ne faut jamais oublier qu'il s'est formé dans une agglomération de plastides de son *espèce* [2], précisément comme celle qui résulte maintenant de son développement) les éléments qui ont subi une simple variation apparente redeviendront *identiques* au plastide initial a dont ils n'ont d'ailleurs

<hr>

jamais différé quantitativement ou qualitativement.

Mais c'est faire une hypothèse gratuite et que les méthodes de la chimie moderne ne nous donnent pas le moyen de vérifier puisque nous ne savons pas faire l'analyse complète des substances plastiques, que d'admettre une simple variation apparente dans quelques-uns des éléments histologiques, ou, en d'autres termes, de considérer certains éléments histologiques comme dérivant du plastide initial par une série ininterrompue de conditions n° 1.

Plaçons-nous donc dans le cas plus général[1] où nous supposerons que tous les éléments histologiques ont subi diverses variations quantitatives, comme cela a lieu pour une culture de bactéridies charbonneuses souvent réensemencée sans précautions spéciales; a_1, a_2..., a_n seront quantitativement différentes de a; mais, précisément, la comparaison avec les bactéridies charbonneuses va nous donner la clef des phénomènes d'hérédité.

Rappelons-nous en effet le *retour à la virulence*[2] d'une culture de bactéridies atténuées dans laquelle il n'y avait plus *aucune bactéridie* virulente (ce qui revient à notre cas actuel de a_1, a_2,... a_n, tous différents de a). Nous injections ce mélange dans un être où de nombreuses conditions n° 2 permettaient de

____

[1] Dans toutes les lignes qui vont suivre, je m'abstiendrai avec intention, de toute considération relative à l'hérédité des caractères de race qui fera l'objet du chapitre xv. Je ne veux établir dans le chapitre actuel que l'hérédité des caractères spécifiques, et c'est pour cela que je laisserai avec intention dans l'ombre, pour le moment, les chances de ressemblances individuelles entre les enfants et les parents en exagérant de parti pris la possibilité des différences quantitatives entre l'œuf fils et l'œuf père par suite d'alternatives de condition n° 1 et de condition n° 2.

[2] Voyez p. 37.

nouvelles variations quantitatives, et où, en même temps, une sélection naturelle s'opérait dans le sens de la virulence (c'est-à-dire, précisément, de l'aptitude à prospérer dans le milieu vivant considéré).

Dans le cas actuel, ces conditions sont sans cesse réalisées dans l'animal en voie de développement ; il se produit constamment diverses conditions n° 2, alternant avec des conditions n° 1 et déterminant ainsi des variations quantitatives guidées sans cesse, comme nous l'avons vu [1], par une sélection naturelle qui adapte chaque tissu aux conditions mécaniques et chimiques existant en chaque point.

Quand donc seront réalisées, en un point P de l'organisme, des conditions semblables à celles où a pris naissance le plastide initial a, il s'y accumulera des plastides analogues à lui, de même que les bactéridies atténuées redevenaient analogues aux bactéridies virulentes ancestrales quant à la propriété de virulence, c'est-à-dire à l'aptitude à prospérer dans un organisme animal ; ici les plastides accumulés en P sont analogues au plastide a quant à la propriété de pouvoir trouver la condition n° 1 en dehors de l'organisme maternel.

Ainsi donc, s'il n'y a eu que variation apparente, il se produira au point P des plastides identiques à a ; s'il y a eu variation quantitative, il se produira au point P des plastides analogues à a, mais pouvant en différer quelque peu au point de vue de la proportion des substances plastiques.

Quand il s'agissait de la bactéridie charbonneuse, nous avons vu que le retour à la virulence était possible tant que la bactéridie atténuée restait viru-

(1) Voyez p. 42.

lente pour la souris d'un jour. Si la bactéridie avait été complètement dépourvue de virulence (ablation totale de la substance hypothétique b), nous ne savons pas si elle n'était pas condamnée à la mort élémentaire ; les expériences de mérotomie semblent prouver que si ; dans tous les cas, il est bien probable qu'une telle bactéridie n'aurait plus été susceptible de retour à la virulence.

Dans les êtres polyplastidaires, nous avons été amenés à considérer que certains éléments histologiques sont devenus *incomplets*, c'est-à-dire ne peuvent trouver la condition n° 1 que grâce à un autre élément (l'élément nerveux) qui lui fournit momentanément une substance complémentaire [1]. Naturellement il est à prévoir que de tels plastides incomplets ne pourront jamais redevenir plastides initiaux et c'est en effet ce qui résulte des recherches histologiques faites jusqu'à ce jour.

Donc, en résumé, il peut y avoir deux cas dans l'hérédité :

Hérédité absolue, c'est-à-dire identité parfaite entre les plastides produits au point P et le plastide initial a, s'il n'y a eu que variation apparente dans les bipartitions successives, série continue de conditions n° 1 ;

Hérédité approximative, c'est-à-dire analogie mais non identité quantitative entre les plastides produits au point P et le plastide initial a, s'il y a eu variation quantitative dans les bipartitions successives, alternatives de condition n° 1 et de condition n° 2.

Le second cas semble plus fréquent que le premier ; il est probablement très rare que le fils soit

____

[1] Voyez plus haut, ch. xi, et *Théorie nouvelle de la vie*, op. cit.

identique au père (indépendamment de l'éducation [1]).

Mais je considère les plastides accumulés au point P ; le plus souvent, ils proviendront, à la condition n° 1, après l'adaptation réalisée, d'un seul ou d'un petit nombre d'éléments adaptés et tous ceux qui dériveront du même élément adapté seront identiques (ressemblance *absolue* entre frères d'une même portée parthénogénétique [2]).

Tout ce que nous venons de voir nous porte à considérer le plastide initial comme une sorte de type quantitatif moyen dans lequel aucune substance plastique ne l'emporte considérablement sur une autre et qui, par conséquent, se trouve à la fois, et moins exigeant pour sa condition n° 1, comme le prouve son aptitude à prospérer en dehors de l'organisme maternel [3] et plus propre à donner facilement tous les autres tissus par variation quantitative.

La plupart des auteurs ont été amenés, par des considérations différentes de celles qui nous ont guidés jusqu'à ce point du présent ouvrage, à envisager également l'œuf comme une sorte de type *moyen* de plastide.

(1) Naturellement, puisque nous considérons ici l'hérédité d'œuf à œuf et non l'hérédité d'adulte à adulte qui gêne l'exposé général des faits à cause de la superposition des phénomènes d'hérédité et d'évolution individuelle. Voyez cependant plus haut la définition la plus large du mot éducation.

(2) Ou d'une même portée fécondée, si tous les spermatozoïdes fécondateurs sont, comme les ovules, issus à la condition n° 1 d'un même plastide adapté (jumeaux, toujours indépendamment de l'éducation).

(3) Cette aptitude provient aussi dans une certaine mesure de la quantité considérable de substances de réserves, résultant de la condition n° 2 d'éléments voisins et permettant à l'œuf de réaliser sa condition n° 1 dans un milieu pauvre ; on pourrait même se demander si ce n'est pas l'accumulation abondante de réserves dans la région où se forment les œufs qui détermine l'adaptation spéciale des plastides qui deviennent reproducteurs.

Milne Edwards considérait les œufs comme des cellules non différenciées.

J'emprunte à M. Delage [1] le passage suivant :

« L'œuf nous paraît avoir des propriétés très simples, parce qu'il n'en a aucune prédominante au point de constituer une fonction spéciale, mais il a les rudiments de toutes [2]; il est un peu contractile comme la cellule musculaire, un peu excitable comme la cellule nerveuse; il forme en son sein certains produits comme la cellule glandulaire. Je ne vois pas que la cellule glandulaire soit plus compliquée parce que son pouvoir sécréteur sera devenu univoque et se sera accru, aux dépens d'ailleurs de ses autres propriétés, ni la cellule musculaire parce qu'elle aura produit dans son sein de la myosine qui y reste et y manifeste ses propriétés spéciales proportionnellement à sa masse au lieu de telle ou telle autre substance à propriétés moins frappantes. Il est probable que l'œuf contient au moins un certain nombre des substances chimiques principales de l'organisme futur [3] et que la différenciation chimique ne repose pas seulement sur la fabrication de substances nouvelles [4] par dédoublement des anciennes ou par fixation sur celles-ci de groupes chimiques empruntés aux *ingesta* [5]; elle doit être due en partie à la séparation, à la localisation dans certaines cellules de substances déjà présentes dans l'œuf, mais qui deviennent prédomi-

---

(1) Delage. *Op. cit.*, p. 779.

(2) Toutes les substances plastiques spécifiques en quantité moyenne.

(3) Il en contient certainement toutes les substances plastiques.

(4) La variation est uniquement quantitative

(5) Erreur ; variation apparente.

nantes en elles par accroissement univoque[1]. Si les substances chimiques auxquelles les cellules nerveuses, les musculaires, les glandulaires doivent, au moins en partie, leur excitabilité, leur contactilité, leur pouvoir sécréteur sont présentes dans l'œuf en *quantités sub-égales*, il est naturel que l'œuf ne soit que très peu excitable, contractile, apte à sécréter; il n'est pas pour cela moins complexe que les autres cellules de l'organisme; il l'est plutôt davantage; mais, en tout cas, il faut reconnaître, et c'est ce qui importe, que sa complication est de même ordre, que sa constitution est analogue, et surtout qu'elle s'emploie tout entière à la manifestation de ses propriétés personnelles et qu'il n'y a en lui ni agrégats en réserve, ni facteurs actuels de propriétés futures. »

Je trouve qu'on abuse un peu du mot différenciation et qu'on l'emploie souvent sans grande précision; je crois que ce qu'on appelle en général différenciation histologique dans le développement individuel, c'est la variation quantitative guidée par la sélection naturelle qui fait que les plastides subsistant en chaque point de l'individu satisfont, d'une part aux lois de la corrélation, d'autre part aux besoins de la coordination générale dont le maintien est indispensable pour préserver les éléments des tissus de la mort élémentaire.

(1) Pas par accroissement, par destruction des autres (v. p. 37).

CHAPITRE XIV

DIFFÉRENCES INDIVIDUELLES ET SPÉCIFIQUES
DÉFINITION DES ESPÈCES VOISINES
ET NOTION DE LA CLASSIFICATION NATURELLE
A BASE CHIMIQUE

Quand nous nous occupions de monoplastides, la définition de l'espèce par la nature qualitative des substances plastiques nous a semblé suffisante ; maintenant nous connaissons, pour certains plastides (plastides initiaux des êtres polyplastidaires), un réactif d'une sensibilité inouïe, le développement, qui permettra de mettre en évidence des variations de composition extrêmement minimes. Il faut voir si notre définition de l'espèce est encore convenable dans ce cas nouveau et si elle cadre avec celle que l'on en donne ordinairement pour les êtres supérieurs.

Reprenons le cas, auquel nous avons été conduits précédemment, de plastides initiaux rigoureusement semblables a, b, c, provenant d'une même portée parthénogénétique. Ces plastides initiaux donneront naissance à des êtres polyplastidaires A, B, C, qui ne différeront les uns des autres que par les caractères acquis dus à l'éducation [1].

Considérons maintenant les éléments parthénogé-

(1) Voyez plus haut, p. 81.

nétiques que produiront ces frères jumeaux; ceux qui proviendront d'une même portée de l'un d'entre eux A seront identiques l'un à l'autre a_1 a', mais seront différents quantitativement de celui (a), qui a produit l'être d'où ils proviennent, s'il y a eu, comme c'est peut-être le cas général, alternatives de conditions n° 1 et de conditions n° 2 dans les bipartitions de a produisant A. Donc a_1 et a', identiques entre eux, différeront peut-être quantitativement de a, b, c; de même b_1 et b' différeront de b; c_1 et c' différeront de c et par conséquent a_1 et a' différeront probablement de b_1 et b', c_1 et c'.

Je considère maintenant un plastide x de même espèce que a, b, c, mais différent de ces trois plastides semblables par les proportions quantitatives. Il donnera naissance à un être polyplastidaire x qui différera de A, B, C, non seulement par l'éducation, mais encore par l'origine; c'est-à-dire qu'il différera *probablement* plus de A, que A ne différera de B et ses descendants x_1 et x', différeront *probablement* plus de a_1 que a_1 ne différera de b_1. Mais tout cela est hypothétique. Les caractères acquis par l'éducation pourraient corriger, et peut-être même faire disparaître en grande partie les différences d'origine. x élevé comme A, soumis au même régime que lui, pourra lui ressembler par certains côtés plus que son frère B élevé différemment. C'est ce qu'on appelle les caractères de convergence; ils proviennent de l'adaptation à des conditions identiques, d'organismes originairement différents.

En général, cependant, les caractères de convergence ne masquent pas les ressemblances dues à la parenté et il est probable que les variations quantitatives qui interviennent entre a et a_1 sont le plus souvent très minimes ou du moins respectent certains caractères proportionnels spéciaux à a. Sans cela, en effet, l'hérédité de a_1 par rapport à a se bornerait à l'hérédité des caractères *spécifiques* et il n'y aurait aucune raison pour que a_1 ressemblât plus à a qu'à x_1; autrement dit, si les caractères individuels indépendants de l'éducation ou caractères congénitaux sont uniquement des caractères de proportionnalité entre les substances plastiques des plastides initiaux, il n'y aurait plus d'hérédité *individuelle* dans l'hypothèse d'une variation considérable entre a et a_1.

Il est vrai que, dans la règle, lorsqu'on suit le développement embryologique d'un être, on constate que les éléments génitaux dérivent du plastide initial par des générations de plastides très peu différenciés; jamais, par exemple, un élément histologique aussi différencié qu'un muscle ou une glande ne donne naissance à un élément sexuel. Donc, pour employer la comparaison si commode avec la bactéridie charbonneuse, le *retour à la virulence* se fait au moyen de bactéridies très peu atténuées ce qui ne permet pas de grandes divergences entre a et a_1. Cela n'empêche pas qu'il reste encore une certaine obscurité dans cette question de la ressemblance entre parents et cette difficulté nous mènera à des considérations nouvelles sur la variation quantitative.

Nous y arriverons en nous occupant maintenant, non plus d'animaux de la même espèce, mais d'animaux de deux espèces voisines a et α. Je m'empresse de faire remarquer que l'étude des monoplastides ne nous a aucunement renseignés sur ce qu'on peut appeler des espèces voisines; nous savons ce que sont deux espèces différentes; par la définition même à laquelle nous avons été amenés, ce sont deux espèces qui diffèrent par la nature chimique de l'une au moins de leurs substances plastiques; mais y a-t-il des plastides qui ont en commun toutes les substances plastiques sauf une? Y en a-t-il qui sont composés de substances chimiques voisines les unes des autres? Sur toutes ces questions, la chimie actuelle ne peut nous donner aucun renseignement puisque nous ne savons pas faire l'analyse complète des substances plastiques; et, d'ailleurs, y aurait-il un intérêt à connaître cette similitude de composition entre les monoplastides? Cela leur donnerait-il des caractères voisins? à quel point de vue? morphologique ou physiologique? Nous connaissons des plastides analogues par la forme qui ont des propriétés physiologiques différentes et réciproquement. Cette question des espèces *voisines* ne présente donc aucun intérêt pour les monoplastides; il en est tout autrement pour les plastides initiaux d'êtres polyplastidaires; ici, le réactif ordinaire du plastide initial est le développement auquel il donne lieu; si deux plastides d'espèce différente donnent, par leur développement, des adultes n'ayant aucune similitude morphologique, un escargot et un hareng, on dira que ces plastides sont très différents même si, en tant que plastides initiaux, ils se ressemblent; au contraire on les considérera comme très voisins si, quoique fort différents morphologiquement en tant que plastides initiaux, ils donnent naissance à des êtres aussi voisins qu'une souris et un rat, un crapaud et une grenouille..... A quel caractère des plastides initiaux correspond cette ressemblance des adultes? Nous allons essayer de nous en rendre compte.

Je reprends l'exemple bien connu auquel j'ai déjà
eu recours pour l'étude des caractères spécifiques et
topographiques [1].

Voici un crapaud et une grenouille, animaux différents provenant d'œufs de différentes espèces. Ce
sont précisément les différences existant entre les
œufs qui font que le développement de l'un donne
un crapaud, celui de l'autre une grenouille; le développement est, nous l'avons vu, un réactif très sensible qui met en évidence des différences minimes
dans la constitution des œufs.

Il y a cependant assez de ressemblance générale
entre les deux espèces considérées pour que leur
anatomie soit grossièrement similaire, et, si, en un
point de la grenouille je trouve un muscle, je trouverai aussi un muscle au point correspondant du
crapaud.

Eh bien, j'arrache un muscle à la grenouille et le
muscle homologue au crapaud; je prends dans la
même région de ces deux muscles deux éléments
musculaires. Ces deux éléments présenteront des
ressemblances morphologiques incontestables; un
élève peu habitué à l'histologie ne pourra manquer
de reconnaître au microscope l'élément musculaire
du crapaud s'il connaît celui de la grenouille; bien
plus ! il ne saura pas les distinguer l'un de l'autre !
et cependant, l'un d'eux est de l'espèce [2] crapaud,
l'autre est de l'espèce grenouille. C'est donc que les
caractères topographiques sont plus frappants que
les caractères spécifiques; on reconnaît plus facilement la variété du tissu que sa nature spécifique.

(1) Voyez plus haut, ch. xi.
(2) Voyez plus haut, page 62, la définition de l'espèce chez
les monoplastides.

Ce fait, nous l'avons déjà remarqué, que le caractère topographique est morphologiquement plus saillant que le caractère spécifique, donne une importance nouvelle au principe de la corrélation. C'est lui qui nous conduit à la notion des types ou plans d'organisation dans les grands groupes du règne animal et à la notion morphologique de l'homologie. Des points correspondants chez un crapaud et une grenouille sont des points situés à peu près de la même manière par rapport au squelette, de membres accomplissant des fonctions équivalentes. Les conditions [1] réalisées en ce point le sont précisément, à chaque instant, par la nature de la fonction à accomplir et il se trouve que deux plastides d'espèces différentes qui accomplissent la même fonction *se ressemblent beaucoup*.

Cette remarque est la base de l'anatomie comparée ; *elle permet de donner des noms aux tissus indépendamment de l'espèce à laquelle ils appartiennent*, et de dire : il y a tant de variétés de tissus : le tissu épithélial, le tissu musculaire, le tissu nerveux, etc.

Traduisons ce résultat dans le langage chimique précis, auquel nous avons été conduits précédemment : *Les variations quantitatives de plastides initiaux de deux espèces voisines donnent, dans des conditions analogues de fonctionnement, des éléments morphologiquement analogues*. Et cependant, nous sommes en droit d'admettre, sinon d'affirmer, que tous les éléments histologiques d'une espèce animale ou végétale donnée sont de même espèce que le plastide initial d'où ils proviennent, autre-

____

(1) J'entends « les conditions » mécaniques et chimiques qui président à la variation des éléments histologiques et à la fixation de leur variété en chaque point.

ment dit qu'ils ont la même composition qualitative[1].

Ou, en d'autres termes encore : Étant définie une
espèce de plastide qui peut être plastide initial d'un
être polyplastidaire animal, nous savons d'avance
qu'il existe des variétés quantitatives de cette
espèce, qui appartiennent aux différentes catégories
des tissus animaux, qu'il peut y avoir, par exemple,
des éléments épithéliaux, musculaires, osseux, nerveux, etc., *de cette espèce plastidaire.*

Cette constatation semblerait devoir réduire à
bien peu de chose le nombre des espèces plastidaires pouvant donner naissance à un animal et,
cependant, nous connaissons des millions d'espèces
animales.

Revenons à ce que nous avons constaté plus haut
du caractère *moyen* de l'œuf[2]; le plastide initial
d'un animal est, somme toute, un peu muscle, un
peu glande, un peu nerf..... etc., autrement dit, il
entre dans sa composition les substances auxquelles
le muscle, la glande, le nerf..... etc., doivent leurs
caractères fonctionnels topographiques. Soient m,
g, n, etc., les substances dont la prédominance dans
les éléments d'un tissu d'un crapaud donne à ce
tissu son caractère musculaire, glandulaire, nerveux,
etc., nous devons penser que le plastide initial du
crapaud contient des quantités moyennes de ces
substances m, g, n, etc., et que toutes ces substances doivent exister en proportions variables

---

(1) Sauf peut-être pour les plastides incomplets chez lesquels
a pu se produire l'ablation *totale*, la disparition *totale* d'une
au moins des substances plastiques soit par variation quantitative, soit par division hétérogène. (V. *Théorie nouvelle de la vie,*
l. IV.)

(2) Voyez p. 116.

dans les éléments des divers tissus du crapaud [1].

Mais tous les tissus de la grenouille sont analogues aux tissus du crapaud ; la grenouille possède en des points *correspondants* de son organisme, des éléments histologiques extrêmement comparables à ceux des mêmes points chez le crapaud, des muscles, des glandes, des nerfs, dont le fonctionnement rappelle à s'y méprendre celui des éléments de même nom chez le crapaud. Devons-nous en conclure que ces caractères topographiques, fonctionnels sont dus à la prédominance, dans chacun des tissus de la grenouille, *des* MÊMES *substances m, g, n*, etc. ?

Il est certain qu'une telle hypothèse est vraisemblable au premier abord et cependant, elle nous mènerait loin ; en y réfléchissant un peu, on voit en effet qu'elle nous conduirait à admettre que les plastides initiaux de la grenouille et du crapaud, ou bien sont de la même espèce plastidaire, s'il n'y a aucune différence qualitative entre eux, ou bien, tout au moins sont de deux espèces qui diffèrent uniquement par la qualité de certaines substances plastiques *autres* que celles dont le rôle est important dans la différenciation histologique de deux espèces.

Et en s'éloignant progressivement, du crapaud à la grenouille, au lézard, au pigeon, au chien, on serait amené à une conclusion analogue pour tout l'embranchement des vertébrés !.....

La première hypothèse que les plastides initiaux de tous ces êtres sont de même espèce plastidaire tombe d'elle-même ; l'étude des substances R, quoique relativement peu avancée encore, l'est suffisamment pour prouver qu'il y a des différences

____

(1) Sauf encore les plastides incomplets, s'il y en a.

qualitatives incontestables entre des espèces notablement différentes, le crapaud et le chien par
exemple.

De même, en comparant des espèces éloignées
comme le crapaud et le chien, on constate des différences qualitatives entre deux tissus de même
nom, musculaires par exemple. Mais ces différences
qualitatives constatées dans les deux tissus homo-
logues, sont-elles dues à des différences qualitatives
entre les deux substances m correspondantes? ou
bien, ces deux substances m sont-elles identiques et
les différences constatées tiennent-elles aux substances existant dans le muscle conjointement avec m,
mais appartenant au groupe hypothétique des substances *autres* que celles dont le rôle est important
dans la différenciation histologique des individus de
ces espèces ? On comprendrait difficilement que de
telles substances, *indifférentes dans la différenciation histologique*, eussent une influence morphogénique assez considérable pour occasionner des divergences aussi grandes que celles qui existent entre
le développement d'un crapaud, celui d'un requin et
celui d'un chien.

Il est donc plus vraisemblable d'admettre (mais
c'est là une hypothèse, il ne faut pas l'oublier),
qu'il y a des différences spécifiques entre les substances correspondantes m chez le crapaud, la grenouille, le pigeon, le chien, c'est-à-dire qu'il y a
une substance m_c (crapaud), une substance m_g
(grenouille), une substance m_p (pigeon) et que les
substances m_c, m_g et m_p, ont des caractères communs et des caractères différenciels. Nous connaissons, en chimie organique élémentaire, assez de
familles de substances qui ont des caractères com-

muns et des caractères individuels pour ne pas nous étonner de trouver des familles semblables dans des composés aussi complexes que les substances plastiques ; il y aurait la famille musculoplastique (substances ayant des caractères spécifiques propres et le caractère commun de la contractilité), la famille nervoplastique, etc., etc.

Les substances d'une même famille auraient des propriétés chimiques analogues, et, ce qui est très naturel, des propriétés morphogéniques voisines, de telle sorte que deux plastides d'espèce différente dans lesquels prédominerait une substance d'une même famille, musculoplastique par exemple, auraient des caractères morphologiques voisins comme leurs caractères physiologiques.

Jusqu'à présent[1], nous avons cité, seulement pour mémoire, les substances plastiques $\alpha\ \beta\ \gamma\ \delta\ \varepsilon\ \zeta\ \eta\ \theta$, qui constituaient un plastide, et nous avons fait uniquement la remarque que, d'après les résultats des expériences de mérotomie[2], l'assimilation possible dans un tel plastide, pourvu qu'il fût dans un milieu réalisant pour lui la condition n° 1, devenait de toute impossibilité, quel que fût le milieu, si l'on pratiquait mécaniquement ou chimiquement l'ablation totale d'une des substances plastiques constitutives[3]. Peut-être existe-t-il des monoplas-

(1) Sauf cependant dans le cas de la substance hypothétique b dont la prédominance entraînait l'augmentation de virulence de la bactéridie. Voyez plus haut, p. 27.

(2) Voyez *Théorie nouvelle de la vie*, l. II.

(3) Il y a dans cette affirmation une part d'hypothèse ; nous ne savons pas pratiquer assez délicatement la mérotomie mécanique ou chimique pour produire l'ablation totale d'*une seule* des substances plastiques constitutives. Nous devons nous borner à l'ablation d'un groupe probablement complexe de ces substances, protoplasma ou noyau ; nous pouvons donc affir-

tides dans lesquels on trouve des groupements tout à fait quelconques de substances $\alpha \beta \gamma \delta \varepsilon \zeta \eta \theta$, mais il devient certain pour nous actuellement, qu'il doit exister un certain parallélisme dans la composition des plastides initiaux d'espèces polyplastidaires, au moins quand ces espèces appartiennent à un grand groupe du règne animal ou végétal ; et ce parallélisme sera d'autant plus étroit que les espèces seront plus voisines, c'est-à-dire qu'il y aura plus de ressemblance morphologique générale entre les adultes de ces espèces (puisque c'est évidemment ainsi qu'on est logiquement forcé de définir, chez les animaux supérieurs, les espèces voisines), ainsi que nous le verrons en reprenant l'histoire du développement.

Nous pouvons déjà remarquer que ce parallélisme est assez évident dans la structure même du plastide initial ou œuf ; suivant que les substances plastiques constitutives sont ou ne sont pas miscibles à l'état de vie élémentaire manifestée, elles prennent ou ne prennent pas dans le plastide une forme d'équilibre qui leur est propre ; on voit dans l'œuf autant de parties distinctes qu'il y a de masses substantielles non miscibles et chacun sait que ces parties distinctes sont assez analogues dans tous les œufs par leur forme et leurs propriétés pour qu'on ait pu leur donner une appellation commune indépendante de l'espèce (hyaloplasma, paraplasma, chromatine, etc...). Mais il semble bien probable

mer que l'assimilation est impossible pour un protoplasma sans noyau ou *vice versa*, mais c'est par une induction peut-être hâtive que nous affirmons l'impossibilité de l'assimilation après l'ablation totale d'une seule substance plastique ; il y a peut-être des espèces qui ne diffèrent que par l'absence d'une substance plastique ?

qu'il n'y a guère de rapport entre les éléments morphologiquement distincts dans l'œuf et ceux qui jouent, par leur variation quantitative, un rôle prépondérant dans la différenciation histologique...

De tout ce qui précède, nous devons conclure que les plastides initiaux des espèces polyplastidaires morphologiquement voisines doivent contenir des substances plastiques appartenant aux mêmes familles chimiques ; pour fixer les idées, je suppose qu'il y ait huit de ces substances[1] dans le plastide initial du crapaud, α_c, β_c, γ_c, δ_c, ε_c, ζ_c, η_c, θ_c ; la lettre grecque indiquant la famille chimique de chaque substance et l'indice c la nature spécifique, particulière au crapaud, de chacune de ces substances. Ce sera par exemple la prépondérance de α_c qui donnera à un élément le caractère musculaire, le rapport de β_c à γ_c qui donnera à un autre élément le caractère glandulaire, etc.

Dans une grenouille, nous aurons comme plastide initial une masse comprenant les substances α_g, β_g, γ_g, δ_g, ε_g, ζ_g, η_g, θ_g[2], plus peut-être d'autres de familles chimiques différentes, et ce sera, comme chez le crapaud, la prépondérance de α_g qui donnera à un élément le caractère musculaire, le rapport de β_g à γ_g qui donnera à un autre élément le caractère glandulaire, etc.

Je considère maintenant le développement individuel du crapaud et celui de la grenouille ; si les substances α, β, ...θ, sont très voisines chez ces deux êtres, puisque nous avons supposé que leurs

---

(1) Le nombre 8 est probablement inférieur à la réalité ; on peut supposer tel nombre que l'on voudra.

(2) *Toutes* les substances à indice g ne sont pas forcément différentes des substances correspondantes à indice c.

propriétés chimiques voisines sont accompagnées
également de propriétés morphogéniques voisines[1],
les premiers stades du développement seront comparables, le milieu intérieur se constituera de la
même manière et, si la condition n° 2 se produit de
telle ou telle manière pour un plastide P_c, elle se
produira d'une manière analogue pour le plastide P_g
qui, par suite, subira une variation quantitative
comparable. Rappelons-nous combien sont semblables les premiers stades de l'évolution de deux
coccidies d'espèces tout à fait différentes ! On conçoit que les agglomérations polyplastidaires provenant des deux plastides voisins considérés, auront,
à chaque moment, dans le début de leur évolution,
des formes générales très comparables et des tissus
analogues aux points correspondants ; mais il est
évident que les différences, si minimes qu'elles
soient, iront en croissant ; en effet, les substances R
produites par l'activité de substances chimiques de
même famille peuvent être très différentes, puisqu'elles peuvent tenir exclusivement aux groupements annexes par lesquels diffèrent les substances
considérées et non à leur noyau commun ; les
conditions réalisées dans les milieux intérieurs iront
donc en divergeant. De plus, la moindre divergence
dans les différenciations histologiques interviendra
comme source de divergence dans les conditions
réalisées à chaque instant du développement ultérieur. *La similitude entre les deux agglomérations
ira donc forcément en diminuant*, et c'est pour cela

(1) Il faut supposer naturellement, dans ce raisonnement très
simpliste, que les conditions mécaniques sont comparables dès
le début, même quantité de vitellus semblablement placé, etc.
Voyez plus loin l'accélération embryogénique.

que deux œufs entre lesquels nous n'aurions su, chimiquement ou autrement, découvrir aucune dissemblance, nous donneront des adultes manifestement différents quoique ayant certains points communs dans la structure générale, comme ceux qui existent entre la grenouille et le crapaud. C'est pour cela que le développement est un réactif si sensible de la composition chimique de l'œuf, puisque des différences, imperceptibles pour nous dans les plastides initiaux, se traduisent au cours du développement par des divergences croissantes et aboutissent enfin à des adultes notablement dissemblables.

Une autre conclusion qui se dégage nettement du raisonnement beaucoup trop simpliste que nous venons de terminer, c'est que, dans des conditions analogues (à moins par exemple que des quantités considérables de vitellus différemment disposées ne modifient mécaniquement les conditions du développement de l'un des plastides initiaux par rapport à l'autre [1]), dans des conditions analogues, dis-je, les différences sont beaucoup moins sensibles entre les embryons correspondants de deux espèces voisines qu'entre les adultes.

Quand il y a beaucoup de vitellus, sa présence intervient mécaniquement tant qu'il n'est pas consommé et peut par suite masquer considérablement la ressemblance entre les embryons correspondants, même quand ces embryons proviennent de plastides initiaux voisins, et l'on connaît beaucoup de cas où cela se produit; mais, nous l'avons constaté à propos de la cicatrisation [2], pour beaucoup d'espèces

---

(1) Voyez plus bas l'accélération embryogénique, ch. xx.
(2) Voyez ch. xii.

animales, lorsque le squelette ne s'y oppose pas[1],
la forme du corps à chaque instant est précisément
la forme d'équilibre que prendrait, libérée de toute
entrave, l'agglomération polyplastidaire au moment
considéré. Il n'est donc pas étonnant, quand l'entrave mécanique due au vitellus a disparu par la
consommation de ce vitellus, que l'embryon libéré
prenne, débarrassé de cette entrave nutritive, une
forme beaucoup plus voisine d'un embryon de
même âge (provenant d'un plastide initial d'espèce
voisine, sans vitellus) que ne l'ont été, jusque-là,
les formes de même âge des deux embryons évoluant parallèlement l'un avec, l'autre sans vitellus.
Laissons de côté les divergences pouvant venir du
vitellus et sur lesquelles nous reviendrons plus loin ;
nous sommes amenés par un raisonnement extrêmement simple à concevoir, sans entrer dans le
détail des choses, que, dans des conditions analogues,
deux plastides initiaux voisins donnent naissance à
des développements d'abord à peu près parallèles,
puis divergeant de plus en plus au cours du développement.

Nous avons été amenés à une définition précise
des êtres d'espèces différentes ; ce sont des êtres
qui ont des plastides initiaux qualitativement différents par la nature chimique d'une au moins de
leurs substances plastiques constitutives. Cela est
net ; cependant nous serions bien embarrassés, dans
l'état d'ignorance où nous sommes de la structure
chimique des substances plastiques, de définir ce

___

(1) Et même dans certains cas quand il y a un squelette dur,
parce que ce squelette ne contrarie pas la morphologie générale
précisément déterminée à chaque instant par les conditions
intérieures et extérieures.

que nous entendons par des substances plastiques *plus ou moins voisines*. Nous n'avons à ce sujet aucune indication ; mais nous nous sommes aisément rendu compte que, plus ces substances donneront lieu, dès le début du développement du plastide initial, à des divergences rapides entre deux embryons, plus il y aura de chances qu'elles soient morphogéniquement différentes [1] et plus les adultes qui résulteront normalement de ces deux embryons seront différents [2].

Au lieu de tenter une définition chimique actuellement impossible des substances plastiques voisines, nous dirons donc que deux plastides initiaux sont d'espèces voisines quand, dans les mêmes conditions [3], ils donnent lieu à des développements embryonnaires qui restent longtemps parallèles avant de diverger notablement. Voici trois espèces A, B, C dont les développements sont parallèles jusqu'à un stade X ; mais B et C restent parallèles jusqu'à un stade ultérieur Y ; je dirai que B est une espèce plus voisine de C que ne l'est A.

Il est donc logique de faire une classification des espèces d'après les divergences plus ou moins rapides qui surviennent entre les embryons au cours du développement ; on mettra à des places très voisines celles des espèces qui ont un parallélisme du développement longuement prolongé ; on réunira dans des groupes de plus en plus vastes celles qui ont des développements embryonnaires paral-

______

(1) Morphogéniquement s'entend, comme plus haut (ch. IX), au sens de la forme que prend le plastide dans lequel cette substance particulière devient prépondérante.

(2) Sauf le cas de convergence.

(3) C'est-à-dire sans vitellus ou avec des vitellus égaux et semblablement disposés.

lèles jusqu'à un stade de moins en moins avancé.

C'est en effet sur ce principe qu'est actuellement basée la classification adoptée dans les sciences naturelles.

Je fais remarquer que nous sommes arrivés à cette conclusion par des considérations purement chimiques, auxquelles est restée tout à fait étrangère la notion de parenté. Nous ne nous sommes pas encore occupés de cette question, et, au point de vue chimique où nous nous sommes placés jusqu'à présent, nous serions obligés, pour être logiques, de classer dans des groupes très éloignés deux plastides initiaux frères qui par suite d'une modification qualitative accidentelle (bien peu probable d'ailleurs), donneraient lieu, dans des conditions analogues, à des développements embryonnaires immédiatement divergents. Mais un tel cas est assez invraisemblable et nous verrons ultérieurement que les relations de parenté s'accordent fort bien avec la classification *par voisinage chimique* à laquelle nous avons été conduits.

Avant de quitter ce sujet, et précisément parce que nous n'avons pas encore parlé de parenté, remarquons une conséquence intéressante de la classification précédemment adoptée. L'état adulte d'un être est déterminé, soit parce que son squelette devenu invariable s'oppose à toute modification ultérieure de forme et de dimension[1], soit parce que le renouvellement du milieu intérieur[2] (surtout l'excrétion des substances solubles R) ne peut dépasser un certain maximum de vitesse et que, par

(1) Voyez plus haut, ch. XII.

(2) Voyez *Théorie nouvelle de la vie*, I. IV.

suite, il s'établit un équilibre obligatoire entre les gains à la condition n° 1 (activité) et les pertes plastiques à la condition n° 2 (repos).

Dans les deux cas, ce sont les substances R [1] qui interviennent le plus activement dans la détermination de l'état adulte ; or, nous savons que les substances R peuvent être très différentes pour des substances plastiques relativement voisines ; il ne sera donc pas étonnant que des espèces voisines arrivent à l'état adulte à des âges très différents. Mais alors, si une espèce devient adulte de bonne heure, son état adulte sera analogue à une forme embryonnaire d'une espèce *voisine* qui aura poursuivi plus loin son évolution, si le parallélisme entre les deux développements avait persisté jusqu'à l'état adulte de la première espèce. Donc, dans un grand groupe de notre classification chimique, les espèces dites inférieures, c'est-à-dire parvenant de bonne heure à l'état adulte, seront la reproduction de formes embryonnaires des espèces dites supérieures qui ne deviennent adultes que plus tard. C'est l'admirable loi établie par Serres en 1842 [2] : « L'embryologie est la répétition de l'anatomie comparée. »

(1) Solides (squelette) ou liquides (fatigue).

(2) Voyez plus loin la forme que Fritz Müller a donnée à cette loi en y introduisant une hypothèse généalogique.

CHAPITRE XV

L'HÉRÉDITÉ DES CARACTÈRES DE RACE

Variétés chez les êtres polyplastidaires. — Quand il s'agissait des monoplastides, nous avons vu que, dans une espèce déterminée comme la bactéridie charbonneuse, il pouvait exister des variétés dues à des différences dans la structure plastique quantitative ; nous avions, par exemple, suivant la quantité de la substance plastique hypothétique b [1], des variétés de bactéridies de virulences différentes que nous pouvions conserver, dans certaines conditions de culture, avec leurs caractères de variétés.

Quand il est question, non plus d'espèces de monoplastides, mais d'espèces de plastides initiaux donnant naissance à des agglomérations polyplastidaires nous constatons encore, au cours des bipartitions du développement, la production de variétés quantitatives analogues à celles d'où résultait la variation de virulence et qui sont les éléments histologiques constituant les divers tissus.

Mais nous avons été amenés, à propos des monoplastides, à admettre la possibilité de différences quantitatives *d'un autre ordre* entre des variétés qui avaient en commun un caractère quantitatif

(1) Voyez, page 22, *Atténuation de virulence.*

déterminé ; nous avons dû croire, par exemple, que deux bactéridies charbonneuses, de même virulence pour le mouton, peuvent être différentes à un autre point de vue, par suite de tel autre rapport de proportionnalité entre leurs substances plastiques, autrement dit que deux bactéridies charbonneuses de même virulence peuvent être de *race* différente.

Ceci n'est pas une simple hypothèse et je vais en donner un exemple très probant, emprunté à la bactéridie charbonneuse.

Nous avons vu qu'il suffit de maintenir à 42° et demi une culture obtenue en semant du sang charbonneux dans du bouillon de veau légèrement alcalin pour que, même en présence de l'oxygène, les bactéridies de cette culture ne donnent pas de spores ; c'est même sur cette absence de sporulation qu'est fondée l'atténuation de virulence dans les conditions considérées.

S'il ne se forme pas de spores à cette température, c'est que les conditions ne sont pas convenables pour mettre en évidence la propriété de sporulation de la bactéridie, mais cette propriété n'en existe pas moins, puisque les spores apparaissent normalement si l'on abaisse la température à 30°. Or, MM. Roux et Chamberland ont découvert que les bactéridies cultivées assez longtemps dans un bouillon additionné de $\frac{1}{2\,000}$ de bichromate de potasse, non seulement ne sporulent pas, mais même *perdent définitivement la faculté de sporulation* qu'elles ne retrouvent plus jamais ensuite quand on les cultive dans des bouillons ordinaires, ou qu'on les inocule à des animaux variés pour les cultiver ensuite dans un bouillon quelconque, à quelque température que ce soit.

L'existence de cette *race* de bactéridie charbonneuse asporogène est assez importante au sujet de l'hérédité pour que je croie devoir reproduire ici les renseignements précis donnés depuis sa découverte par M. Roux[1] sur un procédé qui permet de la reproduire aisément en remplaçant le bichromate de potasse par l'acide phénique :

« Dans des tubes à essai contenant du bouillon de veau légèrement alcalin, on ajoute des quantités variables d'eau phéniquée, de façon que le premier tube contienne $\frac{2}{10\,000}$ d'acide phénique, le second $\frac{4}{10\,000}$, et ainsi de suite jusqu'au dixième tube qui renferme $\frac{20}{10\,000}$ d'antiseptique. Ainsi un tube quelconque de la série renferme $\frac{2}{10\,000}$ d'acide phénique de plus que celui qui le précède immédiatement ; un onzième tube contenant 10 centimètres cubes de bouillon pur sert de témoin. Le volume du liquide est de 10 centimètres cubes dans tous les tubes ; ceux-ci, ainsi préparés, sont stérilisés à l'autoclave par un chauffage à 115°. Pour éviter toute perte d'acide phénique pendant la stérilisation, il est bon de fermer les tubes à la lampe au-dessus du coton dont ils sont munis. Après refroidissement, l'extrémité supérieure des tubes est coupée ; ceux-ci sont ensemencés avec une gouttelette du sang d'un animal qui vient de succomber au charbon. Il faut avoir soin, en faisant l'ensemencement, de ne pas mettre de sang sur la paroi, mais de déposer la gouttelette au sein même du liquide, de façon qu'elle tombe rapidement au fond du tube et qu'aucune bactéridie ne puisse échapper à l'action de l'antiseptique.

[1] E. Roux. *Bactéridie charbonneuse asporogène.* Ann. Inst. Pasteur, IV, 1890.

« Les tubes ensemencés sont mis à l'étuve à la température de 30 à 33°. Les bactéridies se développent d'autant plus lentement que la dose d'acide phénique est plus forte [1]. La culture est toujours moins abondante dans les bouillons phéniqués que dans les bouillons ordinaires [2], elle se fait en général en flocons qui restent dans la profondeur, si on n'agite pas les tubes : d'autres fois, le développement se produit dans toute la masse du liquide et lui donne un aspect trouble ; c'est surtout chez les tubes les plus riches en antiseptique que cette apparence se produit.

« Il faut éviter que la bactéridie vienne se cultiver à la surface du liquide en formant une couronne adhérente à la paroi du verre. Les bacilles qui croissent ainsi au large contact de l'air, en dehors du liquide antiseptique, ne tardent pas à donner des germes, principalement dans les tubes les plus pauvres en acide phénique. Lorsque ces flocons superficiels se produisent, on les immerge en agitant un peu. Le bouillon à $\frac{20}{10\,000}$ d'acide phénique reste stérile et les bacilles ensemencés y meurent rapidement.

« Après *huit à dix jours*, on prélève un peu de la culture dans chacun des tubes et on chauffe pendant quinze minutes à 65°, puis on sème cette portion chauffée dans du bouillon de veau ordinaire. Dès le lendemain, les ensemencements faits avec le tube témoin et le tube à $\frac{1}{10\,000}$ se montrent fertiles. Ceux faits avec le tube à $\frac{4}{10\,000}$ et le tube à $\frac{6}{10\,000}$ donnent

---

(1) Condition n° 2 de plus en plus destructive, superposée à la condition n° 1 comme dans l'action chlorophyllienne. (Voyez plus haut, p. 94.)

(2) Même raison que dans la note précédente.

souvent une culture les jours suivants, mais les autres restent inféconds pour la plupart et montrent ainsi que la bactéridie ensemencée était sans spores[1]. La bactéridie ne perd pas subitement la faculté de faire des spores ; si on la retire du milieu antiseptique après *trois ou quatre jours* de culture seulement, elle donne des germes quand on l'ensemence dans un bouillon non antiseptisé. Pour qu'elle devienne asporogène, il faut que le contact avec l'antiseptique soit assez prolongé. »

A part la faculté de faire des spores, les bactéridies traitées comme nous venons de le voir ne perdent aucune autre de leurs propriétés importantes. Elles n'ont pas exactement la même virulence[2], mais elles la récupèrent absolument, comme nous le verrons ultérieurement, quand elles ont passé à travers un certain nombre de cobayes et de lapins, *ce qui ne les empêche pas de rester asporogènes.*

L'aspect des cultures de bactéridies asporogènes est assez semblable à celui des cultures de bactéridies ordinaires. Il y a cependant quelques petites différences à signaler : « Dans le bouillon elle donne

---

(1) Parce que les spores eussent résisté à 65°, « la proportion d'antiseptique nécessaire pour empêcher la formation des spores varie avec la composition du bouillon, l'origine de la bactéridie, la facilité d'accès de l'air dans la culture. C'est pour cela qu'on prépare toute une série de tubes qui ne diffèrent entre eux que par de très faibles quantités croissantes d'acide phénique. Il y a souvent des résultats imprévus dans ces expériences ; on voit, par exemple, un tube à $\frac{6}{10\,000}$ d'acide phénique ne pas donner de spores tandis qu'un autre à $\frac{10}{10\,000}$ en contiendra, bien que tous deux aient été ensemencés avec le même sang charbonneux » (différences individuelles préexistantes).

(2) Parce que, au cours des conditions n° 2 qui ont déterminé la variation asporogène, il a pu s'en produire d'autres qui ont fait varier la virulence.

des flocons plus faciles à désagréger; les filaments sont moins longs, ils sont aussi un peu plus grêles [1], ils contiennent souvent dans leur intérieur des grains réfringents plus petits que les spores et ne résistant pas à la chaleur... Cultivés sur la gélatine, les bacilles asporogènes nous ont paru la liquéfier moins rapidement que les bacilles virulents ordinaires. Le bouillon dans lequel poussent les bactéridies sans spores se colore moins à l'étuve et donne des cristaux de phosphate ammoniaco-magnésien moins abondants que celui qui a nourri le charbon ordinaire. » (Roux. Bactéridie charbonneuse asporogène. *Op. cit.*)

Ce qu'il y a de plus intéressant pour nous dans l'histoire de la bactéridie asporogène, c'est que, en dehors de ce caractère asporogène très spécial, la race ainsi obtenue [2] est susceptible de toutes les variations quantitatives que nous connaissons chez les bactéridies ordinaires et en particulier de toutes les variations de virulence (atténuation, exaltation) sans perdre le caractère asporogène. Toutes les bactéridies qui dérivent d'une bactéridie asporogène sont asporogènes quelle que soit la série d'alterna-

---

(1) Il est très intéressant de noter ces légères variations morphologiques et les variations physiologiques exposées dans les lignes suivantes, comme accompagnant la variation quantitative à laquelle est due la race asporogène de la bactéridie charbonneuse.

(2) Reportons-nous aux conclusions auxquelles nous avons été amenés précédemment pour l'explication de la genèse des spores (ch. ii). Nous serons conduits à considérer la race asporogène comme résultant de la disparition progressive (peut-être même totale, puisque le retour à la race sporogène n'a pas encore été réalisé) de celle ou celles des substances plastiques dont l'activité spéciale produisait la substance R qui déterminait, par son accumulation dans la membrane cellulaire, la contraction des substances plastiques et leur passage à la condition n° 3.

tives de condition n° 1 et de condition n° 2 qu'elles aient traversée.

Désignons par π le caractère quantitatif spécial de la race asporogène; nous voyons que la race caractérisée par π conserve ce caractère π malgré les variations quantitatives qui modifient la virulence; le caractère de race peut donc rester constant à travers de nombreuses variations quantitatives (d'un ordre différent de celles qui atteignent le caractère de race). Dans le cas de la bactéridie asporogène, ce caractère de race est de toute évidence, mais nous sommes en droit de supposer qu'il en existe d'autres chez les bactéridies, des caractères ξ, ψ, etc., indépendants comme π de la virulence, et que nous ne remarquons pas parce que nous ne savons pas assez de chimie pour les remarquer, et il est très logique de supposer que deux bactéridies d'une virulence donnée dérivant d'un même ancêtre se ressemblent plus (par un caractère π, ξ, ψ, indépendant de la virulence et n'ayant pas été altéré par les conditions n° 2) qu'elles ne ressemblent à une autre bactéridie de même virulence dérivant d'un autre ancêtre dépourvu du caractère π, ξ, ψ commun aux deux premières. En dehors du cas spécial du caractère asporogène π dont nous connaissons la constance, ce que je viens de dire est hypothétique pour la bactéridie charbonneuse, mais ne l'est plus le moins du monde pour les êtres polyplastidaires dont le développement est, nous le savons, un réactif si admirablement sensible des propriétés chimiques du plastide initial correspondant.

Voici, par exemple, les plastides initiaux de deux pigeons, un *culbutant courte face* et un *grosse gorge*. Ces deux plastides initiaux sont de même espèce, nous le savons; le développement de l'un et de l'autre donne un pigeon. Si nous suivons, plastide à plastide, le résultat de la différenciation cellulaire qui prend place au cours du développement de chacun d'eux, nous constatons des phénomènes tout à fait comparables, la formation de variétés quantitatives constituant les éléments des divers tissus, éléments tellement semblables de l'un à l'autre pigeon qu'il nous est impossible de les distinguer; nous avons déjà été amenés à comparer cette différenciation histologique quantitative à la variation de virulence de la bactéridie charbonneuse. Mais alors, l'exemple de la bactéridie asporogène nous porte à croire que si les deux plastides initiaux diffèrent par un caractère ξ chez le premier et un caractère ψ chez le second, et si d'autre part ces caractères ξ et ψ sont indépendants des variations quantitatives qui donnent naissance aux caractères topographiques des tissus musculaire, nerveux, génital, etc., ces caractères ξ et ψ persisteront dans tous les éléments histologiques comme le caractère asporogène persiste dans les bactéridies de virulences diverses. *Et, en effet*, l'œuf du premier différera de l'œuf du second par les mêmes caractères qui distinguaient les plastides initiaux précédents, puisque le développement de l'un donnera un *culbutant courte face*, le second un *grosse gorge*. Nous ne pouvons faire cette vérification que pour les éléments du tissu génital, puisque, pour eux seuls, nous possédons le réactif extrêmement sensible du développement; mais tout ce que nous avons appris jusqu'à présent, nous autorise à affirmer que les même caractères de race ξ et ψ existent, au même degré, dans tous les éléments des tissus, quelque différenciés qu'ils soient.

C'est ce qui constitue L'HÉRÉDITÉ DES CARACTÈRES DE RACE ; tous les éléments histologiques d'un animal sont de même race que le plastide initial de cet animal [1] ; cela a lieu en particulier pour les éléments du tissu génital, et c'est cela qui nous frappe le plus à cause du développement.

(1) Sauf réserve des caractères acquis que nous étudierons ultérieurement.

CHAPITRE XVI

HÉRÉDITÉ DES CARACTÈRES INDIVIDUELS

Hérédité des caractères congénitaux. — Il suffit de réfléchir un instant pour remarquer que l'hérédité des caractères individuels découle immédiatement de ce qui précède [1]. Tous les raisonnements précédents ne supposent en rien en effet que les différences entre les deux plastides initiaux considérés soient assez importantes pour que nous devions leur donner des noms de race différents ; nous avons déjà remarqué, à propos de la bactéridie charbonneuse, que deux plastides différents, entre lesquels nous ne savions pas distinguer de différences, devaient donner deux plastides atténués également différents ; pour les êtres polyplastidaires, aucun caractère ne passe inaperçu à cause de la précision extrême du réactif constitué par le développement. On peut donc répéter pour les individus ce qui a été dit pour les races et dire :

Si deux plastides initiaux a et b de même espèce possèdent, l'un un caractère quantitatif ξ, l'autre un caractère quantitatif différent ψ, qui ne disparaissent ni l'un ni l'autre au cours des variations quantitatives déterminant la différenciation cellulaire, tous

---

(1) Toujours en réservant les caractères acquis que nous étudierons plus tard.

les éléments histologiques dérivant de a posséderont le caractère ξ, tous les éléments histologiques
dérivant de b posséderont le caractère ψ ; il y aura
les mêmes différences individuelles entre deux
muscles des deux individus α et β qu'entre leurs
deux plastides initiaux a et b ; cela sera vrai, en particulier, des éléments du tissu reproducteur qui con-
tiendront les mêmes caractères individuels ξ et ψ[1].

Et, en effet, chacun sait que le développement des
nouveaux plastides initiaux donnera deux êtres a et b
qui ressembleront respectivement, a à α, b à β,
plus que a ne ressemble à β et b à α. C'est le fait de
connaissance courante de la ressemblance des en-
fants et des parents[2].

Hérédité des caractères acquis. — Revenons encore
une fois à l'exemple de la bactéridie charbonneuse ;
toutes les variations quantitatives de virulence
possibles chez la bactéridie sporogène le sont également chez la bactéridie asporogène ; *il est donc évident* que la variation asporogène a porté sur une
partie du plastide *différente* de celle dont les modifications entraînent les variations de virulence.

De même, dans les plastides initiaux de deux
races d'une même espèce, nous trouvons exactement la même aptitude à donner, par variations
quantitatives, dans les mêmes conditions, les mêmes
variétés histologiques, muscles, nerfs, etc... *Il est*

---

(1) Même remarque que dans la note précédente, mais nous
avons supposé que ψ et ξ ne sont pas touchés par le développement.

(2) Tout ce qui précède suppose que les différences entre
ξ et ψ sont plus considérables que celles qui peuvent survenir
par suite de l'éducation au cours de la vie individuelle : voyez
plus bas l'étude des caractères acquis.

donc certain que les variations quantitatives qui déterminent la formation des races différentes, portent sur des parties du plastide initial *autres* que celles dont les variations quantitatives déterminent la différenciation histologique. Nous avons représenté ces dernières par $\alpha\beta\gamma\delta\varepsilon\zeta\eta\theta$; il faut admettre dans le plastide initial un autre groupe de substances *pqr*, dont la variation quantitative constitue la variation de race et n'a aucun rapport avec la différenciation cellulaire. Autrement dit, étant donné le plastide initial $\alpha\beta\gamma\delta\varepsilon\zeta\eta\theta\,p\,qr$, il y a certaines conditions n° 2 qui intéressent la partie $\alpha\beta\gamma\delta\varepsilon\zeta\eta\theta$ et déterminent la formation des divers tissus et d'autres qui intéressent le groupe *pqr* sans modifier les rapports quantitatifs des substances $\alpha\beta\gamma\delta\varepsilon\zeta\eta\theta$. Les premières variations ont un résultat morphologique immédiat portant sur le plastide modifié lui-même, puisque nous savons *reconnaître*, à la simple observation, à quel tissu appartient un élément histologique. Les dernières, au contraire, ne sont pas immédiatement évidentes pour nous, puisque nous ne savons pas, en général, distinguer à la simple observation les plastides initiaux de deux races d'une même espèce ; ce n'est qu'au cours du développement que les différences s'accentuent dans les deux agglomérations produites par suite du rôle morphogène des substances R accumulées en quantités différentes dans les milieux intérieurs des deux embryons, ainsi que nous l'avons vu plus haut.

Voilà donc deux groupes de substances qui peuvent, dans des conditions données, éprouver des variations quantitatives indépendantes ; celles qui atteignent le premier groupe déterminent les tissus ; par hypothèse la proportion $\alpha\beta\gamma\delta\varepsilon\zeta\eta\theta$ déterminé le tissu génital [1] ; la proportion $(a\alpha)$ $\beta\gamma\delta\varepsilon\zeta\eta\theta$ pourra déterminer le muscle, la proportion $\alpha\beta$ $(m\gamma)$ $\delta\varepsilon\zeta\eta\theta$, le nerf, etc., quels que soient d'ailleurs, dans les plastides considérés, les proportions relatives des substances $p\,q\,r$.

Dans la coordination générale, chaque élément histologique joue un rôle déterminé par sa position topographique et disparaît fatalement s'il a un caractère tissu autre que celui qui est utile, au point considéré, à la coordination générale (assimilation fonctionnelle). La sélection s'opère donc en chaque point de l'organisme au point de vue du caractère tissu, mais *il semble* qu'il n'y ait aucune raison, *a priori*, pour que cette sélection concerne aussi le caractère de race.

En inoculant à un mouton un mélange de bactéridies sporogènes et asporogènes, nous avons vu qu'une sélection s'opérait dans le sens de l'exaltation de la virulence, mais sans aucun rapport avec le caractère de formation des spores. C'est, avons-nous dit, que le caractère sporogène n'a *aucun* rapport, avec l'aptitude à vivre dans un mouton, puisque aussi bien les bactéridies ne sporulent pas dans un hôte vivant ; nous pouvions le prévoir *a priori*, mais nous risquions de faire un raisonnement erroné en nous basant sur une connaissance incomplète des choses,

---

(1) Nous avons toujours supposé que les lettres α, β, γ, δ, ε, ζ, η, θ, p, q, r, etc., représentaient les substances plastiques d'un plastide avec la quantité de chacune d'elles dans le plastide considéré, c'est-à-dire la composition quantitative et qualitative du plastide ; quand nous avons ainsi défini un plastide d'une espèce donnée, nous obtenons donc tous les autres plastides de la même espèce en mettant des coefficients devant chacune des lettres α, ε... p, q, r, et le plastide sans coefficients différents de l'unité est toujours le premier cité, c'est-à-dire le plastide initial pour les êtres polyplastidaires.

car le caractère sporogène peut tenir à des propriétés chimiques qui se traduisent aussi *autrement* que par la formation des spores ; en réalité, c'est seulement l'expérience faite qui nous permet d'affirmer que le passage dans le mouton n'a aucune influence sur la faculté sporogène, sur ce caractère de race des bactéridies.

Prenons garde de commettre une erreur semblable dans l'étude de la sélection à l'intérieur d'une agglomération polyplastidaire. La coordination, c'est-à-dire le fonctionnement des organes qui assurent le renouvellement du milieu intérieur ne semble devoir opérer de sélection que dans le sens de la différenciation topographique des tissus ; il est bien évident que, dans la machine animale d'un cheval, telle opération utile, le mouvement de flexion de ce qu'on appelle le genou par exemple, pourrait se produire de la même manière si l'on avait remplacé des éléments musculaires d'un des muscles fléchisseurs par des éléments analogues empruntés à un âne et jouissant de la même propriété de se contracter sous les mêmes influences. Mais, nous l'avons déjà maintes fois répété, on a souvent mis en défaut l'immortel principe de Darwin, en l'appliquant sans connaissance *complète* des conditions réalisées.

Au point de vue immédiat de la conservation de la vie, la coordination est seule à considérer, mais n'oublions pas que la corrélation n'a rien à voir avec la conservation de la vie ; la preuve en est que nous avons été amenés à établir le principe de la corrélation pour un milieu limité quelconque, non doué de vie, et dans lequel grouillaient des plastides de plusieurs espèces différentes ; ce principe peut même sembler quelquefois antagoniste à la conservation de la vie, puisqu'il détermine le balancement organique et empêche ainsi que deux organes qui seraient également utiles à l'individu puissent s'hypertrophier conjointement. Il serait très avantageux pour un homme d'être à la fois très fort musculairement et très développé cérébralement ; le balancement s'y oppose. N'oublions donc pas, quand nous cherchons les facteurs qui peuvent déterminer la sélection en chaque point de l'organisme, de tenir compte de la corrélation qui peut avoir une influence toute différente de celle de la coordination. Mais ces deux facteurs, quoique très différents, sont tellement connexes qu'il est difficile souvent de les séparer l'un de l'autre ; la coordination première, celle qui est réalisée au moment de l'éclosion du poussin, est une résultante immédiate de toutes les adaptations et sélections qui ont eu lieu dans un milieu vivant où tout était guidé par la corrélation. La coordination résulte donc de la corrélation à chaque instant du développement dans l'œuf. A partir de l'éclosion, la coordination est assujettie à des conditions *extérieures ;* le mécanisme du poulet est actionné par des impressions venues du dehors et c'est grâce à cela qu'il évite les dangers et reste vivant. La coordination devient donc primordiale et c'est la corrélation qui doit désormais se plier aux exigences de la coordination. Je m'explique : considérons un embryon qui provient d'un plastide initial *a* dans un milieu nutritif où il est seul, comme un parasite dans certaines cavités organiques ou comme un embryon de poulet avant l'éclosion ; le renouvellement du milieu intérieur est assuré dans un tel embryon, sans qu'aucun acte d'ensemble, résultant de la coordination générale, ait à s'exécuter ; si vous voulez, il n'y a dans un tel embryon que des phénomènes de vie élémentaire ; pas de phénomènes de vie ; les organes de la coordination générale ne fonctionnent pas, il faut considérer que chaque élément anatomique est adapté à la place qu'il occupe, uniquement par la corrélation ; un embryon monstrueux, dépourvu d'organes essentiels à la vie ultérieure, se développe dans l'œuf aussi bien qu'un embryon normal capable de vivre hors de l'œuf.

Les personnes qui raisonnent téléologiquement se disent que tout se passe ainsi dans le développement parce que l'animal devenu libre aura besoin de tel ou tel organe ; c'est une manière de voir vicieuse ; tous ces organes, inutiles dans l'œuf de poulet, se développent au cours de la bipartition cellulaire, uniquement parce qu'à chaque instant l'équilibre l'exige dans les conditions présentes [1] et pas pour autre chose.

Si les formes spécifiques sont différentes pour les différentes espèces, c'est que les conditions d'équilibre sont spéciales à chaque espèce, à cause de la forme d'équilibre spéciale à chaque plastide d'abord, et ensuite, à cause de la nature spécifique du milieu intérieur (substances R spécifiques). Donc indépendamment de toute question de coordination et de maintien ultérieur de la vie générale, il y a, à chaque instant, une forme d'équilibre [2] spéciale à un être déterminé dans des conditions déterminées.

---

(1) Nous expliquerons un peu plus loin comment il se fait que la coordination admirable du poussin puisse provenir uniquement d'une corrélation avec laquelle elle n'a rien à voir, être déterminée dans l'œuf en dehors de tout fonctionnement.

(2) Il faut entendre par forme, non pas seulement la forme extérieure du corps, mais la structure intime de l'animal tout entier.

Nous en avons eu la preuve convaincante dans les phénomènes de régénération étudiés précédemment ; même en dehors de tout fonctionnement, un triton régénère sa patte amputée. Il est certain que le squelette rigide s'oppose à partir d'un certain moment à des variations de forme considérables, mais ce squelette est né lui-même de la corrélation générale et faisait partie, au moment où il s'est construit, de la forme générale d'équilibre de l'organisme ; il n'y a donc aucune raison de supposer, si les conditions ne changent guère, que ce squelette soit ultérieurement en contradiction avec la forme d'équilibre nécessaire et l'empêche de se réaliser ; et en effet, le triton régénère sa patte, comme nous l'avons vu ; il y a des cas fort nombreux où la régénération n'a pas lieu : tenons-nous-en pour le moment à ceux où elle a lieu.

Indépendamment des conditions *extérieures*, uniquement par la constitution chimique de ses éléments anatomiques dérivés du plastide initial $\alpha \beta \gamma \delta \varepsilon \zeta \eta \theta$ $p\, q\, r$, et par celle de son milieu intérieur (supposé renouvelé autant qu'il est nécessaire), un être polyplastidaire a, *à chaque instant de sa vie*, une forme déterminée. Mais, d'autre part, la loi d'assimilation fonctionnelle nous l'a appris, l'influence du monde extérieur sur l'être considéré se traduit par l'exécution, au moyen des organes de cet être, de nombreuses opérations, *en relation avec les conditions extérieures*, et qui toutes ont pour effet d'apporter, dans la constitution morphologique de l'être, des modifications plus ou moins profondes.

Voilà deux choses qui semblent absolument contradictoires : d'une part, la morphologie de l'être est entièrement déterminée à chaque instant par la constitution chimique de ses plastides et de son milieu intérieur, indépendamment du milieu extérieur [1] ; d'autre part, sa morphologie est le résultat de l'éducation dans laquelle le milieu extérieur seul est intervenu. Comment cela est-il possible, si ce n'est que *l'éducation retentit sur la constitution chimique des plastides constitutifs*, de telle manière que, à chaque instant, il y a compatibilité entre la forme générale due à l'éducation et la forme d'équilibre caractéristique d'une agglomération polyplastidaire d'un caractère chimique déterminé.

Le plastide initial $\alpha\,\beta\,\gamma\,\delta\,\varepsilon\,\zeta\,\eta\,\theta\,p\,q\,r$ donne naissance à une agglomération différenciée dont tous les éléments ont en commun le caractère individuel $p\,q\,r$. Or, pour une telle agglomération, il y a à chaque instant une forme d'équilibre déterminée d'une manière précise, la forme A au moment t_0 si vous voulez. Mais, d'autre part, les nécessités de la vie libre ont fait que, à chaque instant, l'animal a eu à fonctionner de manière à acquérir la forme B.

Alors, de deux choses l'une : ou bien les plastides constitutifs seront susceptibles de s'adapter à ces secondes conditions d'équilibre en devenant pourvus du groupe nouveau $(\lambda\,p,\,\mu\,q,\,\nu\,r)$ et dans ce cas, il y aura un individu vivant et en équilibre avec la forme acquise B ; ou bien les plastides constitutifs, incapables de s'adapter à ces nouvelles conditions, parce qu'il n'existe pas de variété quantitative $(\lambda\,p,\,\mu\,q,\,\nu\,r)$ qui corresponde à la forme d'équilibre B

―――――

(1) Je supprime avec intention la question des aliments empruntés au milieu extérieur, et c'est pour cela que j'introduis dans les conditions d'équilibre le milieu intérieur; on peut, pour simplifier le raisonnement actuel, supposer l'alimentation constante.

se détruiront et l'animal mourra [1] ; ce dernier cas ne présente pour nous aucun intérêt ; le premier seul mérite d'être étudié. Nous supposons donc qu'une variété $(\lambda\, p, \mu\, q, \nu\, r)$ soit compatible avec la forme d'équilibre B. Alors, il y a de grandes chances pour que, si les conditions d'éducation qui déterminent la forme B subsistent longtenps, il se fasse, dans le corps de l'animal, une variation quantitative adaptative ; cette variation pourra ne se faire que très lentement, et tant qu'elle ne sera pas réalisée, il y aura effort, malaise, à cause de l'incompatibilité entre la forme de corrélation et les besoins de la coordination ; si l'animal ne succombe pas à cette incompatibilité, elle disparaîtra à la longue et l'on aura un nouvel individu caractérisé par le groupement quantitatif $(\lambda\, p, \mu\, q, \nu\, r)$.

On appelle, d'une manière rigoureuse, caractères congénitaux, tous les caractères qu'aurait à un moment donné un animal provenant de $\alpha\,\beta\,\gamma\,\delta\,\varepsilon\,\zeta\,\eta\,\theta\,p\,q\,r$ et dont tous les plastides auraient le groupement $p\,q\,r$; on appelle caractères acquis, toutes les différences qui existent à chaque instant entre la forme réelle de l'organisme, résultat de l'éducation et celle qu'il aurait au même moment si tous ses plastides avaient le groupement congénital $p\,q\,r$.

Les caractères acquis que nous venons de définir sont des caractères définitivement acquis, puisque, une fois effectuée la variation quantitative en question, il y a compatibilité entre la corrélation et la coordination ; il n'y a donc plus de raison pour que cette variation disparaisse ensuite tant que les cir-

---

(1) Si l'on suppose B définitivement fixée ; autrement la forme B disparaîtra et l'être reprendra sa forme d'équilibre A, cas qui ne nous intéresse pas.

constances extérieures n'exigent pas une nouvelle coordination.

Remarquons tout de suite que l'on ne doit pas considérer comme possible l'acquisition d'un caractère nouveau par une opération exécutée une seule fois ou un nombre restreint de fois ; après chaque opération isolée, la corrélation, un moment troublée par une assimilation fonctionnelle momentanée, redevient, pendant le repos qui suit l'opération, ce qu'elle était auparavant ; le caractère n'est pas acquis.

Nous aurions à discuter [1] quels sont les cas où un caractère est acquis et les cas où il ne l'est pas ; supposons pour le moment que nous ayons affaire à des caractères vraiment acquis au sens que nous venons de définir ; il est immédiatement évident que ces caractères sont héréditaires, ou, si l'on préfère, seront congénitaux chez le fils de l'être considéré ; le plastide initial fils sera en effet un plastide $(\alpha\beta\gamma\delta\varepsilon\zeta\eta\theta, \lambda p, \mu q, \nu r)$, et tous les plastides qui en dériveront au cours du développement auront ce même caractère quantitatif individuel $(\lambda p, \mu q, \nu r)$, tant que l'éducation ne l'aura pas modifié. Or, revenons à ce que nous avons déjà dit pour le développement de deux êtres provenant de plastides initiaux voisins ; il y aura d'abord parallélisme sans divergence appréciable entre les deux êtres $(p\,q\,r)$ et $(\lambda p, \mu q, \nu r)$, puis les différences s'accumuleront au cours du développement. En particulier, quand le second être sera arrivé à l'âge où le premier a acquis le caractère $(\lambda p, \mu q, \nu r)$, nous saurons que, les autres inconstances étant analogues, la forme d'équi-

***

(1) Mais cela nous entraînerait trop loin et d'ailleurs cela est inutile à l'explication générale que nous donnons ici de l'hérédité des caractères acquis.

libre de l'agglomération polyplastidaire sera précisément la forme *acquise* au même âge chez le parent (par coordination d'abord, puis par variation adaptative consécutive à cette coordination).

Donc le caractère acquis sera héréditaire et apparaîtra chez le fils à l'âge où il s'était produit chez le parent. Et si le fils vit dans des conditions comparables à celles où a vécu son père, il se trouvera précisément que la coordination résultant du caractère acquis lui sera utile et qu'il la renforcera par l'usage, de sorte qu'il transmettra à son tour le caractère à son fils.

Et même, nous avons supposé que le caractère était définitivement acquis par le père, pour simplifier l'exposition du sujet ; supposons maintenant que le caractère n'ait pas encore été acquis définitivement par le père quand le plastide initial fils est mis en liberté ; ce sera un caractère $(\lambda' p, \mu' q, \nu' r)$ intermédiaire entre $p\,q\,r$ et $(\lambda p\,\mu q\,\nu r)$, c'est-à-dire qu'il y aura un acheminement vers un accord entre la corrélation, et la coordination et que la forme d'équilibre déterminée par $(\lambda' p, \mu' q, \nu' r)$ serait plus voisine de la forme de coordination, que ne l'est la forme d'équilibre déterminée par $p\,q\,r$. Mais alors, si le fils se trouve dans les mêmes conditions que le père, il tendra de plus en plus à acquérir le caractère en question et parti de $(\lambda' p, \mu' q, \nu' r)$ arrivera à $(\lambda'' p, \mu'' q, \nu'' r)$ encore plus voisin de $(\lambda p, \mu q, \nu r)$ et ainsi de suite ; si une série de générations se produit dans les conditions extérieures qui nécessitent le caractère de coordination en question, ce caractère finira par devenir un caractère de corrélation et par être congénital.

Toutes ces considérations théoriques démontrent

l'hérédité des caractères acquis ; il faut vérifier cette théorie en étudiant les faits ; mais il y a là une assez grande difficulté ; nous ne savons pas, en effet, faire l'analyse chimique des substances plastiques et nous devons constater par leurs effets macroscopiques les variations de leur composition. Or, nous avons dit que les caractères acquis étaient les différences existant entre l'être qui a conservé dans ses plastides le caractère initial $p\, q\, r$ et l'être qui est devenu caractérisé par $(\lambda\, p,\, \mu\, q,\, \nu\, r)$; mais du moment que l'être a varié, nous ne pouvons pas le comparer à ce qu'il eût été lui-même s'il n'avait pas varié, et si nous le comparons à son père, nous avons toujours à faire le départ chez le père de ce qui était congénital et de ce qui était acquis. C'est cette difficulté de vérification qui entretient le différend entre les partisans de l'hérédité des caractères acquis et ceux de la non-hérédité desdits caractères [1].

Nous avons supposé précédemment que nous avions affaire à un de ces êtres chez lesquels la régénération possible des membres amputés (indépendante de tout fonctionnement) montre qu'il y a à chaque instant une forme d'équilibre de l'agglomération polyplastidaire, forme d'équilibre déterminée uniquement par les caractères chimiques desdits plastides. Considérons maintenant un animal chez qui cela n'a pas lieu, l'homme par exemple, chez lequel un bras coupé ne repousse pas. Nous avons pu trouver une explication de ce fait dans les exigences de la coordination qui, si la cicatrisation, n'est pas rapide, entraînent la mort de l'animal, et

---

[1] Il y a cependant des cas où l'hérédité de caractère acquis est hors de doute ; voyez par exemple le cas du sillon dorsal des céphalopodes étudié par Hyatt et cité par Cope. (Voyez l. V, p. 245.)

dans la rigidité du squelette qui s'oppose à des variations morphologiques considérables. Mais, dans un manchot qui continue de vivre et d'être coordonné malgré sa mutilation, comment s'arrange la corrélation ?. Y a-t-il une race de plastides $(\lambda\,p,\,\mu\,q,\,\nu\,r)$ telle que la forme d'équilibre de l'agglomération polyplastidaire qui en est constituée soit précisément la forme d'un homme dépourvu d'un bras ? Cela n'est pas impossible *a priori ;* il y a des monstres congénitalement manchots [1]. Mais je vais montrer par un raisonnement fort simple que la non-hérédité d'une telle mutilation ne prouve rien contre l'hérédité des caractères acquis.

Si l'homme était dépourvu de squelette, il serait évidemment toujours doué d'une forme qui serait précisément la forme d'équilibre de l'agglomération polyplastidaire qui le constitue ; mais alors cette forme serait très facilement récupérée, et, comme chez l'hydre, aucune mutilation ne persisterait. Une mutilation persistante ne peut donc exister que chez un être pourvu d'un squelette solide ; mais ce squelette se constitue au cours du développement, de très bonne heure et il est fort concevable que la race $(\lambda\,p,\,\mu\,q,\,\nu\,r)$ adaptée à l'existence dans une forme d'adulte manchot, n'ait rien de commun avec les conditions réalisées chez un embryon dépourvu de ce qui deviendra plus tard le bras ; nous avons vu d'ailleurs que les caractères acquis doivent apparaître à un âge comparable à celui auquel ils ont été acquis. Mais le squelette du bras, une fois constitué chez l'embryon, persistera et ne pourra

____

(1) Et qui ne sont pas fils de manchots ; mais est-on toujours en droit d'affirmer que cette infirmité est bien congénitale et non acquise au cours du développement?

plus disparaître : donc en admettant que les plastides $(\lambda\,p,\ \mu\,q,\ \nu\,r)$ fussent tels que chez un adulte ils fussent compatibles avec une forme manchotte, ils trouveront un squelette brachial gênant et qui, ne disparaissant pas, sera si vous voulez comparable à la lésion traumatique inverse du parent ; ce sera *une mutilation* à laquelle les éléments anatomiques seront *forcés de s'adapter*. Le caractère $(\lambda\,p,\ \mu\,q,\ \nu\,r)$, quoique nous l'ayons supposé hérité, ne se manifestera donc pas chez l'adulte et disparaîtra [1]. Mais il est bien plus probable que, *le plus souvent*, une mutilation produite une fois au cours de la vie d'un être n'est pas susceptible de se trouver forme d'équilibre *compatible* avec une race $(\lambda p,\ \mu q,\ \nu r)$. Le nombre des formes d'équilibre possibles pour des races d'une espèce donnée est très grand, mais il y a certainement beaucoup plus de formes impossibles que de formes possibles pour une espèce donnée ; toutes les fois qu'une mutilation produit une forme impossible, il n'y a pas de race $(\lambda\,p,\ \mu\,q,\ \nu\,r)$ correspondante et la mutilation ne peut pas être héréditaire !

Il semble qu'il y ait une énormité dans la phrase précédente, où il est question de mutilation existant chez un être vivant et *impossible* comme forme d'équilibre chez cet être. C'est que les parties squelettiques dures sont en réalité *étrangères* à l'organisme quoique produites par lui, et n'inter-

---

(1) J'ai exagéré avec intention l'importance de ce cas ; en réalité, les êtres supérieurs en question sont des animaux sexués, et il faudrait que deux mutilations *correspondantes* existassent dans les deux sexes, de manière que chaque sexe acquît pour son compte le caractère $(\lambda p,\ \mu q,\ \nu r)$; il faudrait de plus que cette mutilation fût répétée dans les deux sexes pendant plusieurs générations, car les caractères $(\lambda p,\ \mu q,\ \nu r)$ ne s'acquièrent pas généralement tout d'un coup.

viennent que dans les conditions mécaniques ; elles se produisent une fois pour toutes au cours de l'évolution et si une influence *étrangère* à l'organisme en détruit à ce moment donné une partie, il est possible, nous l'avons vu plus haut, que les parties vivantes enlevées se reconstituent et reproduisent petit à petit ce squelette dur, mais il est aussi invraisemblable de demander que le squelette soit reproduit chez l'enfant avec la lésion *artificielle* déterminée chez le père [1], que de vouloir qu'une balle de plomb, logée dans un tissu [2], soit héréditaire. La balle de plomb pourra avoir une influence héréditaire sur l'organisme, mais cette influence héréditaire ne reproduira pas la balle de plomb.

Ce qui résulte des considérations exposées depuis le commencement du chapitre, c'est que les phénomènes de coordination qui contrarient les caractères congénitaux de corrélation peuvent dans beaucoup de cas devenir héréditaires, de telle manière que le descendant d'une série d'ancêtres qui ont eu à exécuter certaines opérations utiles dans certaines conditions de milieu peut naître adapté à l'exécution de ces opérations, même dans un milieu où elle n'a plus de raison d'être.

Or, cela suffit à nous expliquer l'existence de plastides initiaux tels que leur développement donne immédiatement, et comme simple résultat de la cor-

---

(1) Voyez plus bas, livre V, p. 285, les caractères chimiquement acquis et morphologiquement latents.

(2) En réalité, il y aura probablement adaptation des plastides, puis qu'un manchot peut vivre manchot fort longtemps, mais, l'ensemble des plastides, dans sa coordination et les corrélations résultantes, *habillera*, pour ainsi dire, un squelette anormal qui ne saurait se retrouver chez le fils, puisque le squelette, développé normalement au début, ne saurait perdre un bras, brusquement, à un âge plus avancé.

rélation, un être aussi merveilleusement coordonné que le poussin ; nous nous en rendrons compte dans l'étude de la formation des espèces ; mais nous ne pourrons aborder cette étude qu'après avoir dit quelques mots de l'existence, dans la plupart des races, de deux types différents appelés les deux sexes, ce que nous ferons dans le prochain chapitre.

Récapitulons en terminant, tous les faits importants qui se trouvent confusément épars dans les pages précédentes relativement à l'hérédité de caractères acquis :

Les *espèces* de plastides sont déterminées par la nature qualitative de leurs substances plastiques $\alpha\beta\gamma\delta\varepsilon\zeta\eta\theta\ p\ q\ r$.

Les caractères des divers tissus qui proviennent d'un plastide initial tiennent aux proportions relatives des substances $\alpha\ \beta\ \gamma\ \delta\ \varepsilon\ \zeta\ \eta\ \theta$; ce sont des caractères topographiques.

Mais il est certain que tous les éléments d'une agglomération polyplastidaire donnée ont, à un moment donné, un caractère quantitatif commun $(\lambda p,\ \mu q,\ \nu r)$ que l'on appelle le caractère de race, le caractère individuel.

Sauf dans certains cas où des accidents squelettiques s'y opposent, la forme générale du corps à un moment donné est une conséquence directe du caractère $\lambda p,\ \mu q,\ \nu r$[1].

Tant que la coordination exigée par les circonstances extérieures ne contrarie pas la corrélation exigée par les circonstances intérieures, la forme

---

[1] Et même dans le cas où le squelette s'y oppose, car alors on a une forme d'équilibre dans laquelle entre, pour sa part, comme condition d'équilibre, ce squelette anormal qui n'existera pas chez le fils.

générale se conserve et une double sélection s'opère à l'intérieur de l'animal :

1° L'assimilation fonctionnelle entretient la coordination et conserve à chaque tissu son caractère topographique propre ;

2° La sélection entretient le caractère $(\lambda p, \mu q, \nu r)$ compatible avec les conditions d'équilibre réalisées dans une agglomération ayant la forme donnée.

Donc, si rien ne change, les caractères individuels $(\lambda p, \mu q, \nu r)$ sont héréditaires, sauf influence de l'éducation sur le fils.

Si les circonstances extérieures déterminent une modification dans la coordination générale, une variation de la forme générale de l'individu, la double sélection intérieure à l'animal se produit de la manière suivante :

1° L'assimilation fonctionnelle donne à chaque tissu un caractère topographique adéquat à la nouvelle coordination de l'individu ;

2° La sélection générale dans le milieu intérieur tend à adapter l'ensemble des éléments à la nouvelle forme générale du corps, à produire une corrélation compatible avec la coordination nouvelle.

Or, sauf le cas où des accidents squelettiques s'y opposent [1] la forme générale du corps à ce moment donné est une conséquence directe du caractère $(\lambda p, \mu q, \nu r)$.

Donc, puisque la coordination nouvelle a fixé une nouvelle forme générale, la sélection générale dans le milieu intérieur modifiera le caractère quantitatif $(\lambda p, \mu q, \nu r)$ et tendra à le transformer petit à petit

---

(1) Voyez la note précédente.

en un nouveau caractère ($\lambda_1 p$ $\mu_1 q$ $\nu_1 r$) compatible avec la nouvelle forme générale du corps.

Cette adaption ne se produit généralement pas d'une manière définitive au cours d'une seule génération ; il y aura seulement un acheminement vers l'établissement d'une corrélation compatible avec la coordination ($\lambda' p$, $\mu' q$, $\nu' r$).

Le fils héritera naturellement de ce caractère quantitatif ($\lambda' p, \mu' q$, $\nu' r$).

Si plusieurs générations se succèdent dans les mêmes conditions de milieu, la même coordination se trouvant nécessaire au même âge, l'adaptation dans le sens de la compatibilité entre la corrélation et la coordination ira en s'accentuant de génération en génération $\lambda'' \mu'' \nu''$, $\lambda''' \mu''' \nu'''$, etc..., se rapprochant de plus en plus du caractère quantitatif λ_1, μ_1 ν_1 qui sera définitivement acquis au cours d'un nombre suffisant de générations.

A ce moment, le caractère acquis se développera chez les jeunes comme une conséquence de la seule corrélation, même si la coordination qui en résulte n'est plus utile à l'animal, les conditions ayant changé.

Cependant, si des générations se succèdent sans que ce caractère reste utile, il pourra disparaître progressivement, n'étant plus entretenu par l'assimilation fonctionnelle, et devenir ainsi un organe rudimentaire (Lamarck).

CHAPITRE XVII

LE SEXE

Nous n'avons pas parlé du sexe jusqu'à présent parce que c'était une complication inutile, tout ce que nous avons dit dans les chapitres précédents étant également vrai dans les cas de reproduction agame. Mais le sexe introduit dans l'histoire de l'hérédité et de la formation des espèces un élément de variation que nous devons étudier maintenant.

Dans toute race d'une espèce déterminée, au moins chez les animaux supérieurs, on constate l'existence de deux types, morphologiquement distincts, que l'on appelle le type *mâle* et le type *femelle;* ces deux types *de sexe différent* présentent la particularité suivante : leurs éléments reproducteurs (sauf dans quelques cas exceptionnels de parthénogénèse) sont des plastides incomplets M (mâle) et F (femelle) dont chacun, séparément, est à la condition n° 2 dans un milieu quelconque ; mais ces deux plastides incomplets M et F sont tels que le résultat de leur fusion M + F est un plastide complet appelé *œuf;* c'est le plastide initial du futur individu fils.

Il serait facile de se rendre compte de cette particularité en supposant dans les plastides, outre le groupe $p\,q\,r$ caractéristique de la race [1], un autre

(1) On n'a pas le droit de ne pas supposer l'existence de ce groupe pqr dans les deux sexes, puisque les deux sexes ont les mêmes caractères de race.

groupe mf dont les proportions quantitatives détermineraient le sexe : $m < f$ caractériserait par exemple le sexe féminin ; $m > f$ caractériserait le sexe masculin. Dans la maturation de l'ovule, l'expulsion des globules polaires entraînerait le peu de substance m qui existait dans le plastide ; la substance m subsisterait seule au contraire dans le spermatozoïde et la fusion de ces deux plastides incomplets par absence de m ou de f donnerait un plastide complet contenant $m + f$.

Cette hypothèse a le grand défaut de ne pas rendre compte de la généralité du sexe dans le monde vivant.

Il serait plus vraisemblable, étant donnée la complexité chimique des substances plastiques, de supposer que chacune d'elles peut avoir deux types moléculaires avec, cependant, des propriétés chimiques identiques, les deux types dissymétriques droit et gauche de M. Pasteur par exemple. M. Pasteur avait été frappé en effet de la dissymétrie moléculaire des substances d'origine organique, au point d'être amené à croire que cette dissymétrie ne pouvait exister en dehors des produits biologiques. Supposons donc, pour un instant, que toutes les substances $\alpha \beta \gamma \delta \varepsilon \zeta \eta \theta p q r$ ou au moins quelques-unes d'entre elles, aient un type m et un type f, $\alpha_m \beta_m \gamma_m \ldots \theta_m, p_m q_m r_m$ d'une part et $\alpha_f \beta_f \gamma_f \ldots \theta_f p_f q_f r_f$, d'autre part.

Il ne serait guère logique de supposer, étant donné le phénomène de la fécondation, que les mâles se composent de substance à indice m et les femelles de substances à indice f ; nous sommes obligés de supposer dans les deux sexes un certain mélange des deux types de substance et d'admettre que le sexe est déterminé par telle ou telle proportion quantitative. Remarquons cependant qu'il n'y a que deux types, bien tranchés, le type mâle et le type femelle, et non une série de types peu différents les uns des autres comme en produisent les variations quantitatives de la bactéridie charbonneuse dans le phénomène de l'atténuation de virulence. La raison de ce fait peut provenir des simples relations d'inégalité $m < f,\ m > f$.

J'ai entrepris quelques recherches à ce sujet et je laisse ici la question en suspens parce que, dans l'étude de l'hérédité, il est inutile de connaître la nature essentielle des différences sexuelles ; il suffit de savoir que ces différences existent et que la fécondation peut se produire, puisque c'est de la fécondation seule que peuvent provenir les métissages. Indépendamment de tout essai d'explication, revenons donc à notre première hypothèse, quelque peu vraisemblable qu'elle soit, parce qu'elle rend le langage plus facile et disons que tout se passe comme s'il existait dans les plastides, outre les substances $\alpha\beta\ldots\theta,\ pqr$, deux substances m et f telles que $m > f$ caractérise le sexe mâle, $m < f$ caractérise le sexe femelle. La maturation des produits sexuels en fait, nous l'avons vu, des plastides incomplets par élimination, dans chaque cas, de tout ce qui reste de l'élément de sexe opposé. Donc une fois la maturation terminée, quel que soit le milieu dans lequel ils se trouvent placés, les éléments sexuels restent à la condition n° 2 et se détruisent plus ou moins vite jusqu'à ce que la fusion des deux éléments donne de nouveau un plastide complet, l'œuf, qui est le point de départ du développement d'un nouvel individu.

Il est évident que, suivant la nature de la condition n° 2 réalisée autour de chaque élément sexuel entre la maturation et la fécondation, les variations quantitatives qui en résulteront pourront être différentes dans chaque cas, de sorte que cette période de condition n° 2 introduit un nouvel élément de dissemblance entre les enfants et les parents. Et puisque, dans le cas de la reproduction sexuelle, il y a deux parents pour un enfant, la durée plus ou moins longue de la condition n° 2, pour chaque élément sexuel séparément, pourra influer sur la ressemblance de l'enfant avec tel ou tel de ses deux parents.

Dans le cas des animaux supérieurs, comme l'homme et les mammifères, les éléments sexuels mûrs attendent la fécondation dans des conditions toujours à peu près les mêmes, autrement dit la condition n° 2 réalisée jusqu'à la fécondation est toujours à peu près de même nature ; les phénomènes quantitatifs qui prennent naissance de cette condition n° 2 sont donc à peu près comparables dans tous les cas, et c'est pour cela qu'il n'est pas irrationnel de chercher à établir des lois générales pour la ressemblance des enfants avec les parents.

Si $(\lambda_1 p\ \mu_1 q\ \nu_1 r)$ est le groupement de race [1] du père, si $(\lambda_2 p\ \mu_2 q\ \nu_2 r)$ est le groupement de race de la mère, un œuf résultant de la fusion d'un ovule frais et d'un spermatozoïde frais aurait comme groupement de race $((\lambda_1 + \lambda_2)p,\ (\mu_1 + \mu_2)q,\ (\nu_1 + \nu_2)r)$, groupement intermédiaire aux deux précédents. Mais si le spermatozoïde par exemple a séjourné longtemps dans un milieu où la condition n° 2 étant susceptible de détruire les substances $p\,q\,r$, et si au con-

---

(1) Groupement de race si le père et la mère sont de races distinctes, groupement de caractère individuel s'ils sont de même race. (Voyez plus haut ch. XV.)

traire l'ovule est frais, on voit que les coefficients du groupement de race de l'œuf fils seront plus voisins de $\lambda_2\mu_2\nu_2\ldots$

En particulier, le vieillissement d'un des éléments sexuels à la condition n° 2 devra diminuer la quantité de substance sexuelle (m ou f) de l'élément et si l'on admet en principe que l'ovule et le spermatozoïde frais contiennent des quantités équivalentes de substances sexuelles, on voit que le sexe de l'œuf fils sera déterminé par celui de l'élément le plus frais ; c'est-à-dire que si, par exemple, le spermatozoïde vient d'être formé et n'a pas séjourné dans la vésicule séminale, et si au contraire l'ovule est mûr depuis longtemps, la fécondation donnera un œuf dans lequel m sera très supérieur à f, c'est-à-dire un œuf mâle [1]. Ceci indépendamment de la ressemblance avec l'un ou l'autre des progéniteurs puisque la condition n° 2 qui détermine la diminution de m ou f peut être fort différente de celles qui entraînent la diminution de $p\,q\,r$.

Or Thury a observé [2] qu'il naît plus de femelles quand la femelle a été couverte dès le commencement du rut (c'est-à-dire peu de temps après la maturation de l'ovule) et plus de mâles quand le coït a lieu à la fin de cette période. Cette observation est tout à fait en rapport avec la conclusion de notre raisonnement précédent.

Mais il faut immédiatement remarquer que des exceptions peuvent se produire, provenant de ce

---

(1) Il est évident que le raisonnement reste le même si l'on admet non plus une substance mâle m et une substance femelle f, mais des variétés mâles et femelles de toutes les substances plastiques, comme nous l'avons supposé à la page 202.

(2) Delage. *Op. cit.*, p. 346.

que les substances m et f du spermatozoïde et de l'ovule peuvent être *initialement* en quantités très différentes ; alors en effet, un ovule même peu frais contient encore plus de substance f que le spermatozoïde jeune ne contient de substance m ou réciproquement.

Cependant il semble que le plus souvent l'ovule frais et le spermatozoïde frais doivent être considérés comme équivalents et que la loi de THURY soit assez générale.

DUSING a tiré de cette loi les conclusions suivantes [1] :

« ..... La régularité absolue de la proportion moyenne des sexes ne peut s'expliquer que par une autorégulation, la pénurie de mâles provoquant une production de mâles et la pénurie de femelles une production de femelles. On comprend en effet que, si la régulation était primitive et organique, elle n'autoriserait pas des oscillations incessantes autour d'une moyenne qui seule est fixe. Les chiffres absolus eux-mêmes seraient fixes. Une riche statistique a montré en effet (THURY) que l'œuf jeune tend à produire une femelle, l'œuf vieux à produire un mâle. Le spermatozoïde jeune tend à produire un mâle, le spermatozoïde vieux à produire une femelle.

« Avec ce principe, l'autorégulation ne peut manquer de s'établir, car s'il y a peu de mâles, ils féconderont souvent et leurs spermatozoïdes seront toujours jeunes, tandis que, si les femelles sont trop nombreuses, elles seront rarement fécondées et leurs œufs seront vieux, double condition pour qu'il naisse des mâles. Dans le cas inverse, l'inverse se pro-

---

(1) Delage. *Op. cit.*, p. 346.

duit.…… A là théorie de Düsing, Haacke objecte que si le garçon provient de la fécondation d'un vieil œuf par un jeune spermatozoïde, il a toute raison de ressembler à son père et, inversement, la fille provenant de la fécondation d'un jeune œuf par un vieux spermatozoïde devrait ressembler à sa mère. Or les ressemblances croisées sont aussi fréquentes, sinon plus, que les ressemblances directes. » Il y a dans cette objection de Haacke une confusion entre les conditions de vieillissement qui détruisent les substances sexuelles m et f, et celles qui détruisent les substances $p\,q\,r$; ces conditions peuvent être différentes, ainsi que nous l'avons déjà dit plus haut.

Toutes les variations quantitatives qui se produisent à la condition n° 2 peuvent influer sur le sexe et sur la ressemblance; or il semble d'abord que, dans le cas de reproduction parthénogénétique, le sexe doit être héréditaire puisque nous avons dû considérer *tous* les éléments histologiques d'un individu comme étant du même sexe, c'est-à-dire comme ayant tous le caractère quantitatif $m > f$ ou $m < f$. Il est évident, si l'on y réfléchit, que des conditions n° 2 peuvent cependant amener des variations quantitatives dans les éléments au point de transformer, en élément mâle $m > f$ un élément femelle $m < f$. Et, en effet, quoique le plus souvent les femelles engendrent parthénogénétiquement des femelles, on connaît des cas où elles engendrent des mâles; cela a lieu par exemple dans des conditions déterminées de saison ou de nutrition pour certains insectes et arthropodes [1]…

____

(1) L'œuf parthénogénétique donne le plus souvent des femelles chez les pucerons et les daphnies. Chez les abeilles il donne toujours un mâle.

Il y a enfin des cas où le sexe varie même au cours du développement, au gré des conditions n° 2 qui résultent des hasards de la nutrition ou des circonstances ambiantes. On sait que des expériences faites sur certaines chenilles ont permis d'en faire à volonté des mâles ou des femelles suivant les conditions de milieu réalisées autour d'elles ; il ne faut pas dire pour cela que l'œuf d'où elles provenaient n'avait pas de sexe déterminé, mais que le sexe a été modifié par des variations quantitatives ultérieures[1].

Croisements. — Il est inutile d'insister longuement ici sur les phénomènes de croisement, de métissage, qui sont étudiés dans tous les traités de zoologie ; quelques considérations très générales suffiront pour le sujet qui nous occupe.

Soit M + F un plastide complet de l'espèce A dont M est l'élément mâle et F l'élément femelle. Soit de même M' + F' un plastide complet de l'espèce A'.

Il est ordinaire qu'une union soit mécaniquement impossible entre M et F' ou entre M' et F (accouplement ne pouvant se faire, chimiotaxie négative de M par rapport à F' ou de M' par rapport à F) ; mais, dans le cas où une conjugaison est mécaniquement possible, les groupements M + F', M' + F peuvent être ou n'être pas des plastides complets. Dans le dernier cas, quand les espèces A et A' sont incompatibles au point de vue de la fécondation, le grou-

____

(1) La nourriture, suivant qu'elle serait d'une dissymétrie droite ou gauche, pourrait, par exemple, expliquer une augmentation plus ou moins grande des substances plastiques droites ou gauches, dans notre hypothèse de la nature dissymétrique du sexe. Voyez *Sexe et dissymétrie moléculaire*. C. R. Acad. sc. Paris, 17 janvier 1898.

pement M $+$ F′ par exemple est toujours à la condition n° 2 et se détruit. Dans le premier, au contraire, quand les espèces A et A′ sont compatibles au point de vue de la fécondation, le groupement M $+$ F′ constitue un plastide complet, un œuf duquel résulte un être qui a naturellement certains rapports avec A et A′.

Tout ce que nous avons vu précédemment nous prouve que, si la fécondation est mécaniquement possible, elle donnera toujours un plastide complet quand elle s'exercera entre deux individus d'une même espèce[1] quelle que soit leur variété quantitative. Entre deux individus d'espèces différentes elle sera possible ou impossible suivant les cas, sans qu'on puisse le prévoir *a priori* par le raisonnement.

------

(1) Cela met d'accord notre définition de l'espèce avec celle qui est le plus souvent adoptée et qui est basée sur la possibilité d'une union féconde entre le mâle et la femelle.

CHAPITRE XVIII

FORMATION DES ESPÈCES

Lorsque nous avons étudié l'exemple du poussin
sortant de l'œuf avec cette admirable coordination
qui lui permet d'exécuter les actes si complexes du
renouvellement de son milieu intérieur, nous nous
sommes dit que l'hérédité devrait nous expliquer
comment est possible l'existence d'un œuf dans
lequel est déterminé à l'avance un développement
si extraordinaire. Étant donné le rôle extrêmement
important que nous avons été amenés à accorder
dans les phénomènes vitaux à la proportion quantitative des substances plastiques des plastides, nous
concevons déjà que l'hérédité des caractères quantitatifs acquis, l'hérédité des caractères de race, per-
mette de faire un grand pas dans la voie de cette
explication.

L'application aux plastides d'une agglomération
polyplastidaire, de l'admirable principe de Darwin,
nous a conduits à la corrélation par variations adaptatives dans l'intérieur d'un organisme.

Mais la coordination qui permet aux êtres polyplastidaires de continuer à vivre dans le milieu
extérieur, *étant héréditaire*, comme nous l'avons vu
plus haut, la sélection naturelle va s'appliquer aux
êtres polyplastidaires dans le milieu du monde,

exactement de la même manière qu'aux plastides dans le milieu intérieur d'un animal et établir la *corrélation entre les êtres monoplastidaires ou polyplastidaires à la surface du globe*, comme elle a établi la corrélation entre les plastides dans un milieu limité quelconque, le milieu intérieur par exemple.

Rappelons-nous en effet quels sont les caractères des plastides qui nous ont conduits à la notion de la sélection naturelle entre les plastides, et nous trouverons chez les êtres polyplastidaires, *considérés comme individus*, des caractères absolument équivalents.

D'abord, la reproduction ou, si l'on préfère, la multiplication qui, à un être donné, polyplastidaire ou monoplastidaire, fait succéder un plus grand nombre d'êtres *semblables*, est la condition première qui donne de l'importance à la sélection naturelle.

Ensuite la variation individuelle qui fait que, dans un même milieu, tous les êtres ne se comportent pas de la même manière, que quelques-uns vivent et que d'autres meurent ou se modifient, se retrouve pour les êtres polyplastidaires comme pour les êtres monoplastidaires et, naturellement, il ne persiste que ceux qui vivent ou se modifient de manière à vivre et leurs descendants. C'est la coordination assurant le renouvellement du milieu intérieur des êtres polyplastidaires qui correspond à l'assimilation ou condition n° 1 des monoplastides et permet leur multiplication. La variation dans la coordination des êtres polyplastidaires sous l'influence de nouvelles conditions de milieu correspond à la variation et à la condition n° 2 pour les monoplastides et, ces variations étant héréditaires, la sélection naturelle

les rend forcément adaptatives chez les êtres polyplastidaires comme chez les êtres monoplastidaires.
Il y a donc parallélisme absolu, à ce point de vue,
entre la manière dont se comportent les êtres supérieurs, considérés comme individus et la manière
dont se comportent les monoplastides, et c'est une
des causes de l'erreur individualiste.

Ce parallélisme étant rigoureusement établi, nous
pourrons répéter pour les êtres supérieurs tout ce
que nous avons dit des monoplastides et étudier le
rôle de la sélection naturelle non seulement entre
les êtres supérieurs, mais encore entre les êtres
supérieurs et les monoplastides qui, au point de
vue de la sélection, leur sont de tout point comparables, et nous arriverons ainsi à la notion de la
corrélation générale ou harmonie de la nature,
exactement comme nous sommes arrivés à celle de
la corrélation entre les plastides du milieu intérieur
d'un être polyplastidaire.

Nous avons établi le principe de l'hérédité des
caractères acquis chez les êtres polyplastidaires,
uniquement pour les variations quantitatives qui ne
modifiaient pas les espèces. Comment se produisent
les variations qualitatives ou variations spécifiques
propres? Probablement d'une manière tout à fait
fortuite comme chez les monoplastides, au moins
dans beaucoup de cas ; mais il est bien évident que
ces variations sont héréditaires comme chez les
monoplastides, et c'est pour cela qu'il était inutile
d'en parler à propos de l'hérédité.

Ce qu'il y a de très remarquable dans la nature,
ce n'est pas la grande variété des espèces monoplastidaires différentes pouvant provenir de variations
qualitatives au cours de diverses conditions n° 2,

c'est l'admirable coordination qui existe *à l'éclosion*,
dans les êtres polyplastidaires qui proviennent normalement du développement de ces monoplastides,
coordination qui est déterminée dans l'œuf, par les
proportions quantitatives des diverses substances
plastiques. Or, ces proportions quantitatives proviennent de l'hérédité des variations quantitatives
acquises, comme nous l'avons vu et expliqué plus
haut. L'hérédité de ces variations acquises suffit à
expliquer l'adaptation de chaque espèce à son genre
de vie, la prédétermination dans l'œuf de l'être coordonné qui en sort au moment de l'éclosion, mais
elle ne suffirait pas à expliquer la complexité énorme
de cette coordination, l'évolution progressive des
organismes. Il faut admettre que les nécessités de
la coordination peuvent créer, petit à petit, des
variations dans la complexité qualitative des plastides. Je m'explique :

Voici un être polyplastidaire soumis à des conditions nouvelles qui déterminent chez lui une coordination nouvelle ; nous avons vu plus haut que cette
nouvelle coordination entraînant des troubles dans
la corrélation préétablie chez l'être polyplastidaire,
une variation quantitative se produit naturellement
qui met la corrélation d'accord avec la coordination,
quand cet accord est possible.

Dans le cas où les conditions de milieu ont peu
changé, cet accord peut se réaliser par une simple
variation quantitative, mais nous ne devons pas
oublier que la condition n° 2 peut produire des
variations qualitatives dans certains cas. Si l'accord
entre la corrélation et la coordination nouvelle ne
peut pas se produire, la mort survient, mais cet
accord se produit, quelquefois par une variation

quantitative, quelquefois, si une variation quantitative est insuffisante, par une variation qualitative
qui suffit à expliquer l'évolution progressive des
espèces.

Remarquons que dans ce dernier cas, si l'on considère les êtres polyplastidaires comme des individus,
la variation qualitative est immédiatement adaptée,
puisqu'elle résulte d'un accord progressif de la corrélation avec la coordination, et il y a là une différence
avec les monoplastides chez lesquels la variation
qualitative était toujours fortuite au début et fixée,
ultérieurement seulement, par la sélection naturelle.
Il doit donc y avoir chez les êtres polyplastidaires
deux sortes de variations qualitatives, l'une absolument fortuite déterminée directement par l'action
des conditions de milieu sur les plastides, l'autre
adaptée dès le début et provenant de l'accord qui
s'établit peu à peu entre la corrélation et une coordination nouvelle. La première agit sur les plastides, la seconde sur les organismes polyplastidaires
considérés comme individus. La dernière seule explique la complication progressive des organismes,
la première n'explique que le grand nombre des
espèces [1].

Cette considération de la possibilité de deux variations qualitatives différentes amène naturellement
à l'étude du différend qui existe entre les néo-
Lamarckiens et les néo-Darwiniens et que Cope [2]
expose de la manière suivante : (La colonne de

(1) Je crois qu'il faut considérer comme se rapportant à ces
deux genres différents de variations celles que Cope décrit
sous le nom de cinétogénèse et de physiogénèse. (Voyez l. V,
ch. xix.)

(2) Cope. *The primary factors of organic Evolution.* Chicago,
1896.

gauche indique les opinions néo-Lamarckiennes,
celle de droite les opinions néo-Darwiniennes).

1. Variations appear in definite directions.	1. Variations are promiscuous or multifarious.
2. Variations are caused by the interaction of the organic -being and its environment.	2. Variations are congenital or are caused by mingling of male and female germplasmas.
3. Acquired variations may be inherited.	3. Acquired variations cannot be inherited.
4. Variations survive directly as they are adapted to changing environments (Natural selection).	4. Variations survive directly as they are adapted to changing environments (Natural selection).
5. Movements of the organism are caused or directed by sensation and other conscious states.	5. Movements of organism are not caused by sensation or conscious states, but are a survival through natural selection from multifarious movements.
6. Habitual movements are derived from conscious experience.	6. Habitual movements are produced by natural selection.
7. The rational mind is developed by experience, through memory and classification.	7. The rational mind is developed by natural selection from multifarions mental activities.

Pour quiconque adopte la doctrine de la conscience
épiphénomène, les trois derniers paragraphes, 5, 6,
7, ne sont même pas à étudier, puisque tout acte,
volontaire ou involontaire est déterminé, par la structure physique de l'être et les conditions ambiantes ;
tout ce qui a rapport aux instincts ou habitudes
entre donc, au point de vue de l'hérédité dans le
cadre des caractères physiques de structure et ne
doit pas être étudié à part.

Le quatrième paragraphe est commun aux deux
théories et n'a pas à être discuté.

Pour le troisième, nous sommes obligés d'admettre
la manière de voir des néo-Lamarckiens ; la théorie
de Weissmann n'est d'ailleurs plus acceptable puisque

Hartog a montré que si l'on entend au sens strict le mot *congénital*, les seuls caractères héréditaires étant pour les néo-Darwiniens, les caractères congénitaux se réduisent à ceux du protozoaire ancêtre [1].

C'est dans les deux premiers paragraphes que se trouvent les divergences d'opinion vraiment discutables entre les néo-Darwiniens et les néo-Lamarckiens. Encore est-il immédiatement évident que ces divergences d'opinion sont le résultat de l'erreur individualiste.

Pour les monoplastides, en effet, il est de toute certitude que les variations sont livrées au hasard des conditions de milieu et sont seulement adaptées ultérieurement, comme le veulent les Darwiniens ; il en est de même tant que l'on considère les monoplastides qui constituent les êtres polyplastidaires sans tenir compte de l'individualité de ces derniers. Mais, si l'on considère les êtres polyplastidaires comme des individus, on doit considérer comme immédiatement adaptées (appearing in definite directions) les variations provenant d'un accord qui s'établit entre la corrélation générale de l'organisme et une coordination nouvelle résultant de conditions extérieures nouvelles. Et cependant, nous venons d'être amenés à considérer que, même pour les êtres polyplastidaires considérés comme des individus, il y a aussi possibilité de variations non adaptées, livrées au hasard (*promiscuous or multifarious* et aussi *congénital*) comme chez les monoplastides vivant isolément.

---

(1) Il est vrai que Hartog néglige la possibilité d'une variation *fortuite* (sans rapports avec la coordination générale) entre l'œuf père et l'œuf fils.

Quant à la formation d'espèces par accouplement, elle semble absolument improbable.

La discussion entre les néo-Lamarckiens et les néo-Darwiniens est d'ailleurs assez oiseuse, s'il est démontré, comme nous avons essayé de le faire plus haut[1], que le principe de Lamarck dérive naturellement de celui de Darwin quand on évite l'erreur individualiste.

Il devient maintenant bien facile d'expliquer l'existence d'un œuf donnant à l'éclosion un être aussi compliqué que le poussin ; il serait même inutile de le montrer puisque cette explication existe dans tous les traités de la formation des espèces où l'on admet l'hérédité des caractères acquis.

Je vais donc le faire rapidement en quelques mots :

Une monère initiale subit des alternatives de condition n° 1 et de condition n° 2 (variations qualitatives et quantitatives) et donne naissance ainsi à un grand nombre d'espèces de plastides dont tous les survivants sont, au bout de quelque temps, adaptés à leurs conditions de milieu.

L'un d'eux, par exemple, possède des substances R agglutinantes et donne naissance à un être polyplastidaire qui se reproduit, comme nous l'avons vu ; les descendants de cet être peuvent subir des variations livrées au hasard et donner des espèces différentes dont nous ne nous occupons pas ; suivons seulement les variations dues à des modifications nécessitées dans la coordination de ces êtres par les conditions de milieu. La sélection naturelle ne conserve naturellement que les êtres dont la

---

(1) Voyez *L'Individualité*, p. 175.

coordination est adéquate aux conditions extérieures ; or les variations ainsi acquises seront héritées, et de nouvelles complications s'ajouteront au cours des générations successives, à mesure que de nouveaux caractères de coordination seront fixés par sélection naturelle et transmis aux descendants et ainsi de suite, on arrivera à l'œuf de poulet, à l'œuf d'homme, etc. [1]....

C'est l'évolution progressive des organismes.

Remarquons que les variations sont toujours lentes et que, par conséquent, il y a parallélisme entre les relations de parenté des espèces et la similitude plus ou moins grande de leur composition chimique. Or, la ressemblance de composition chimique nous a conduits précédemment [2] à la loi de Serres que « l'embryologie est la répétition de l'anatomie comparée ». Puisque cette ressemblance de composition chimique est parallèle à la parenté et que, d'autre part, on doit considérer que les espèces primitives étaient moins compliquées que quelques espèces plus récentes, on peut donner à cette loi de Serres la forme plus connue que lui a donnée Fritz Müller « que l'ontogénie est parallèle à la phylogénie ».

Mais il est évident que la loi de Serres exclut toute hypothèse, tandis que le principe de Fritz Müller en introduit forcément [3], surtout si on le généralise comme on a une tendance à le faire, même pour les Protozoaires !

J'ai intentionnellement réduit au strict minimum

____

(1) Voyez Darwin. *L'Origine des espèces par la sélection naturelle.*

(2) Sans aucune considération de parenté.

(3) Voyez *Théorie nouvelle de la vie*, l. V.

toutes ces considérations générales sur la formation
des espèces ; on les trouvera partout ; je veux
cependant, pour terminer, exposer une loi que Cope[1]
a exprimée d'une manière fort intéressante, d'après
Agassiz, loi qui régit l'évolution générale des espèces
et qui mérite d'être rapportée en quelques lignes ;
c'est la loi qu'il a appelée : *The law of the unspecialized.*

LE RÔLE DES TYPES LES MOINS DIFFÉRENCIÉS DANS LA
FORMATION DES ESPÈCES NOUVELLES. — Il suffit de jeter
un coup d'œil sur ce que nous savons de la phylogénie des espèces pour remarquer que les lignes de
descendance n'ont pas été continues, mais peuvent
être représentées sous forme d'un système dichoto-
mique, d'un arbre généalogique.

En d'autres termes, le point de départ d'une série
progressive de formes dans une période géologique
n'a pas été un type terminal d'une série progressive
de l'âge précédent, mais un type très antérieur à ce
type terminal et, par suite, moins différencié. Ainsi,
ce ne sont pas les plantes supérieures qui ont donné
naissance au règne animal, mais bien les formes
inférieures de protophytes qui ne se distinguent pas
des protozoaires[2]. Parmi les animaux, ce ne sont
pas les arthropodes ou les mollusques, types spécialisés, qui présentent la plus étroite parenté avec les
vertébrés, mais bien les simples vers ou tuniciers.
Dans les vertébrés, ce ne sont pas les poissons les
plus élevés en organisation (actinoptérygiens), qui

(1) Cope. *Op. cit.*, p. 172, sq.

(2) On exprime la même idée quand on dit que l'homme ne
descend pas d'une quelconque des espèces de singes existant
aujourd'hui, mais d'un ancêtre de ces singes.

présentent le plus de ressemblance avec la classe immédiatement supérieure des batraciens, mais bien les types beaucoup moins spécialisés de l'époque dévonienne (rhipidoptérygiens). Les types modernes de batraciens (salamandres, grenouilles) n'ont pas fourni le point de départ des reptiles, point de départ que l'on trouve dans les anciens stégocéphales qui sont ichtyoïdes. Les reptiles de l'époque permienne nous montrent des types ichtyoïdes (cotylosauriens, pelycosauriens), desquels on peut faire descendre nettement les mammifères... Ainsi donc, les types hautement développés ou spécialisés d'une période géologique n'ont pas été les parents des types des périodes ultérieures qui sont descendus au contraire des types les moins spécialisés de la période précédente. Il n'y a pas de ce fait d'exemple plus frappant que celui que développe Cope dans la première partie de son livre avec nombreuses figures à l'appui, savoir : que l'homme lui-même présente dans sa structure générale le type qui était prédominant chez les mammifères de la période éocène, c'est-à-dire du début de l'époque tertiaire.

Cette loi remarquable s'explique par le fait que les types spécialisés d'une période ont été généralement incapables de s'adapter aux conditions nouvelles qui caractérisaient l'avènement d'une nouvelle période[1]. Les changements de climat et de nourriture, conséquences des perturbations de la croûte terrestre, ont rendu l'existence impossible à beaucoup d'espèces, difficile à beaucoup d'autres. De tels changements ont souvent été particulièrement sévères pour les espèces de grande taille qui avaient besoin d'une

____

(1) Coordination trop compliquée pour être susceptible de se modifier sans se détruire.

grande quantité de nourriture. Il en est résulté, pour ces espèces, la dégénération ou l'extinction. D'un autre côté, les animaux et les plantes qui avaient des besoins moins spéciaux ont survécu. Par exemple, les plantes qui n'avaient pas besoin de conditions absolument déterminées de sol, de température et d'humidité, ont plus facilement survécu aux perturbations géologiques que celles qui ne pouvaient se passer de ces conditions déterminées. Des animaux omnivores ont pu survivre là où mouraient ceux qui avaient besoin d'une nourriture spéciale ; les espèces de petite taille pouvaient survivre à une diminution de ressources nutritives dont mouraient les grandes espèces. Marsh a observé que les lignes de descendance des mammifères ont pris naissance dans des formes de petite taille...

Il ne faut pas conclure de la loi précédemment exposée que chaque période a été peuplée par les formes les plus simples de la période précédente. Des progrès certains ont été effectués et des caractères hautement différenciés se sont développés graduellement et ont résisté victorieusement aux révolutions géologiques, mais ce n'a pas été les *plus spécialisés* de leurs âges respectifs. Ils ont présenté une combinaison de progrès effectif et de *plasticité* qui leur a permis de s'adapter à des conditions nouvelles[1].

Ne pourrait-on appliquer cette loi « of the unspecialized » aux éléments anatomiques qui constituent les animaux supérieurs? Seuls les éléments reproducteurs qui sont le moins spécialisés, adaptés aux conditions les moins rigoureusement déterminées, peuvent résister à un changement de milieu aussi

____

[1] Cope. *Op. cit.*, p. 172, sq.

considérable que la sortie de l'organisme auquel ils appartenaient ; aussi, dans un animal condamné fatalement à la mort, tous les tissus différenciés sont condamnés à la mort élémentaire ; seuls peuvent continuer leur vie élémentaire manifestée ceux qui sont capables de s'adapter à d'autres conditions (prétendue immortalité du plasma germinatif[1]).

(1) Voyez l. V, ch. XXI.

TROISIÈME PARTIE

LIVRE V

DISCUSSION DE QUELQUES FAITS
ET DE QUELQUES THÉORIES AYANT RAPPORT A L'HÉRÉDITÉ

●

J'ai rassemblé dans ce cinquième livre un certain nombre de faits et de théories ayant trait à l'hérédité et dont la connaissance est utile pour l'étude de ce grand problème biologique, mais dont l'exposition aurait gêné, dans le cours de l'ouvrage, la série logique des déductions conduisant à l'hérédité des caractères acquis.

J'ai profité de l'exposition de ces faits et de la discussion de ces théories pour mettre en évidence une fois de plus le rôle manifestement important que joue la corrélation dans les phénomènes héréditaires ; la corrélation établit en effet, à chaque instant, l'équilibre de l'organisme, lorsque les conditions extérieures exigent une coordination nouvelle, une adataption.

Enfin, je crois que le principe de la corrélation permet, lorsqu'il est entendu d'une façon très générale, l'interprétation de certains faits considérés jusqu'à présent comme inexplicables ; telle est, par

exemple, la télégonie ou influence du premier mâle
sur les produits ultérieurs de la femelle.

CHAPITRE XIX

LES CAUSES DE LA VARIATION SPÉCIFIQUE

Au cours des déductions qui nous ont conduits à
la compréhension de l'hérédité des caractères acquis,
nous avons dû laisser un peu dans le vague les
causes générales de la variation spécifique. Nous
avons vu comment cette variation peut provenir et
provient le plus souvent, quand elle est immédiatement adaptative, d'un fonctionnement répété d'une
manière identique pendant plusieurs générations
successives; mais il peut y avoir d'autres variations
tenant à ce que, pour des causes le plus souvent diffi-
ciles à connaître, l'œuf se trouve directement modifié
par hasard, sans corrélation apparente avec une
variation manifeste de l'organisme d'où il provient.
En voici d'intéressants exemples rapportés par Huxley[1] : « Le premier est celui de la race des moutons
ancons, dont le colonel David Humphreys, membre
de la Société royale, a donné un compte rendu fort
bien fait[2]. Il rapporte qu'un certain Seth Wright,
propriétaire d'une ferme sur les bords de la rivière
Charles dans l'État de Massachusetts, possédait un
troupeau de quinze brebis et un bélier de l'espèce

_____

(1) Huxley. *L'origine des espèces*. Paris. 1892.

(2) Lettre adressée à Sir Joseph Banks, *Transactions philoso-
phiques* de l'année 1813.

ordinaire. En 1791, une des brebis mit bas un agneau mâle et, sans qu'on puisse en reconnaître la raison, cet agneau différait du père et de la mère par la longueur relative de son corps et par ses jambes courtes et incurvées en dehors. Cet agneau ne pouvait donc rivaliser avec les autres moutons du troupeau quand ils prenaient leurs ébats à sauter, au grand ennui du bon fermier par-dessus les haies des voisins.

« Réaumur, je vous cite, comme vous le voyez, une autorité considérable, nous donne les détails du second cas [1]. Un couple maltais du nom de Kelleia, dont les mains et les pieds ressemblaient aux mains et aux pieds de tout le monde, eut un fils, Gratio, possédant six doigts parfaitement mobiles à chaque main et à chaque pied six orteils qui n'étaient pas tout à fait aussi bien formés. Aucune cause n'expliquait la production de cette singulière variété de l'espèce humaine.

« Deux circonstances méritent d'être soigneusement notées dans ces deux cas. Dans chacun d'eux la variété semble s'être produite en pleine force et, pour ainsi dire, *per saltum*. Une différence tranchée et bien considérable se montre tout d'un coup entre le bélier ancon et les moutons communs, entre Gratio Kelleia aux six doigts et aux six orteils et les hommes ordinaires. Dans un cas comme dans l'autre, aucune cause évidente n'explique la production de la variété. Ces phénomènes ont eu assurément leur cause déterminante, comme tous les autres phénomènes, mais ici la cause ne se montre pas et nous pouvons croire, en toute confiance, que ce que l'on désigne ordinairement sous le nom de *changements dans*

____

[1] Réaumur. *Art de faire éclore des oiseaux.* Paris, 1749.

les conditions physiques, telles que climat, nourriture, etc., n'avait pas eu lieu et n'intervenait en rien. Ce ne sont pas des cas de ce qu'on appelle communément l'adaptation aux circonstances, mais, pour me servir d'une expression commode bien qu'elle soit erronée, ces variations se produisirent spontanément. La recherche infructueuse des causes finales mène bien loin leurs investigateurs, mais même ces téléologistes courageux, toujours prêts à sauter à pieds joints sur toutes les lois physiques, quand ils poursuivent le fantôme dont ils sont épris, seraient bien embarrassés de découvrir le but auquel pouvaient correspondre les jambes trop courtes du bélier de Seth Wright ou les membres hexadactyles de Gratio Kelleia.

« Les variétés se produisent donc sans que nous sachions pourquoi, et il est infiniment probable que la plupart des variétés se sont produites de cette façon spontanée [1] ; mais nous sommes loin, bien assurément, de nier qu'en certain cas il soit possible

---

(1) Ici Huxley généralise d'une manière regrettable. Il est bien probable que des variations *spontanées*, comme il les appelle, ont été l'origine de pas mal de variétés, mais il est à prévoir que la plupart de ces variétés n'ont pas survécu, n'étant pas adaptées aux conditions de milieu toutes spéciales où elles ont apparu. Au contraire, les variations dues au fonctionnement répété pendant plusieurs générations ont donné des variétés *adaptées* qui ont été par conséquent dans les meilleures conditions pour prospérer. C'est là la grande querelle entre les darwiniens et les lamarckiens. Je crois avoir montré au cours de cet ouvrage que cette querelle n'est qu'apparente et que, si l'on ne tient pas compte de l'individualité polyplastidaire, si l'on raconte uniquement l'histoire des plastides qui les constituent, la forme d'explication darwinienne est incontestable ; au contraire, la forme lamarckienne s'impose si l'on considère directement les individualités supérieures. L'adaptation se manifeste directement sur les individus dans certains cas, dans les autres cas elle n'est constatable au début que sur leurs plastides constitutifs.

de remonter aux influences externes bien manifestes qui les ont déterminées. Ces influences sont certainement capables de modifier l'enveloppe tégumentaire, d'en changer la couleur, d'augmenter ou de diminuer les dimensions des muscles, et, parmi les plantes, d'occasionner la métamorphose des étamines en pétales, etc.

« Mais quelle que soit la cause d'où proviennent ces changements, ce qui nous intéresse spécialement pour l'instant, c'est d'observer qu'une fois produites les variétés obéissent à la loi fondamentale qui veut que le semblable tende à reproduire son semblable, et leurs rejetons nous en fournissent un exemple par leur tendance à dévier dans le même sens, de la souche originelle, que les procréateurs de ceux-ci en déviaient eux-mêmes[1].

« ...L'histoire des moutons ancons est, à cet égard, particulièrement instructive.

« Les Américains sont gens avisés. Les voisins du fermier de Massachussetts reconnurent donc vite que ce serait pour eux une excellente affaire si tous ses moutons avaient les tendances casanières que possédait, par le fait même de sa constitution, le petit agneau nouveau-né, et ils conseillèrent à Wright de tuer son vieux bélier et de le remplacer par le nouveau venu. Leur sagacité prévoyante se trouva justifiée et il se produisit alors que les jeunes agneaux étaient presque toujours des ancons purs ou des moutons de pure race commune. Mais quand on

______

(1) Il faut remarquer que, dans le cas du mouton ancon par exemple, il est inutile, pour expliquer la reproduction du caractère chez les descendants, de faire appel à autre chose qu'à l'hérédité des caractères congénitaux. Il est bien probable en effet que la monstruosité qui a donné lieu à la variété ancon était déterminée dans l'œuf.

eût obtenu un nombre de moutons ancons suffisant
pour les entre-croiser, leurs produits furent presque
toujours des ancons purs... En ayant soin de choisir
des ancons des deux sexes comme reproducteurs, il
fut donc facile d'établir une race des plus tranchées
et si bien marquée que, lorsqu'on réunissait ces
moutons aux troupeaux de moutons ordinaires, on
remarquait que les ancons se tenaient ensemble. Il
y a toute raison de croire qu'on aurait pu conserver
indéfiniment cette race, mais elle fut négligée quand
on eut introduit en Amérique le mouton mérinos
tout aussi tranquille, tout aussi docile que l'ancon
et produisant une laine et une viande bien supérieures[1]. »

Huxley, en darwiniste convaincu, a donc une tendance à admettre que les variations spécifiques sont
le plus souvent fortuites et ne sont adaptées qu'ultérieurement par la sélection naturelle ; la tératologie
serait ainsi pour lui la base de toute l'histoire naturelle, ce qui est bien peu vraisemblable étant donnée
la merveilleuse organisation de certains êtres dont
l'apparition s'explique bien mieux par l'acquisition
progressive de caractères fonctionnels transmis par
hérédité. Le raisonnement de Huxley est incomplet
et entaché de l'erreur individualiste parce qu'il n'a
songé à établir qu'entre les individus métazoaires
complexes les résultats de la sélection naturelle,
tandis que cette sélection s'exerce naturellement
aussi entre tous les plastides constitutifs des êtres
supérieurs. Seulement la sélection adaptative entre
les éléments des tissus d'un être prend, lorsqu'on
se place au point de vue individualiste, l'apparence

____

(1) Huxley. *L'origine des espèces.*

d'un phénomène dirigé par une volonté libre, celle de l'individu. Huxley, partisan de la théorie de la conscience épiphénomène, ne peut accorder à cette prétendue volonté libre une influence directrice sur la formation des espèces, et il ne se rend pas compte de ce fait que, précisément, l'illusion de la volonté libre résulte de la sélection adaptative entre les éléments des tissus. — De telle manière qu'en supprimant la notion d'individualité, les néo-darwiniens sont d'accord avec les néo-lamarckiens.

Ces derniers, prenant le contre-pied de la théorie de Huxley, que les variations sont fortuites, admettent au contraire qu'elles sont dirigées par une volonté absolument libre qui préexiste à l'individu. C'est une autre forme de l'erreur individualiste ; je l'ai étudiée ailleurs [1]. Indépendamment de cette considération de la liberté réelle ou apparente des êtres vivants, il faut dire quelques mots des deux modes d'acquisition de caractères nouveaux que considère comme possibles E.-D. Cope [2], chef de l'école néo-lamarckienne.

Huxley faisait à Lamarck l'objection suivante : « Il est curieux de remarquer que Lamarck ait soutenu avec tant d'insistance [3] que les circonstances ne peuvent jamais modifier directement en rien la forme ou l'organisation des animaux et qu'elles opèrent seulement en changeant leurs besoins, puis leurs actions par conséquent. Il s'expose en effet ainsi à une question évidente : Comment se fait-il alors que les plantes se modifient, car on ne peut leur attribuer

---

(1) *L'Individualité et l'erreur individualiste*, ch. II.

(2) E.-D. Cope. *The primary factors of organic evolution*. Chicago, 1896.

(3) *Philosophie zoologique*, vol. I, p. 222 sq.

des besoins et des actions? A ceci il répond que les plantes se modifient par des changements dans leur procédé nutritif, changements déterminés par des circonstances nouvelles, et il ne paraît pas avoir observé qu'on pouvait tout aussi bien supposer des changements de même genre chez les animaux. » Je pense que Cope a eu le désir de répondre à une objection de cette nature quand il a écrit :

« Dans la deuxième partie de ce livre, qui traite des causes de la variation, je me propose de citer des exemples de l'effet modificateur direct des influences extérieures sur les caractères des individus animaux et végétaux. Ces influences se classent naturellement en deux classes, savoir : les physico-chimiques (molecular) et les mécaniques (molar). Les modifications en question doivent être considérées comme le résultat de l'influence des causes précitées ayant agi pendant les périodes géologiques. J'ai donné à ces deux types d'influence, qui jouent un rôle dans l'évolution, les noms de *Physiogénèse* [1] (molecular action) et de *Cinétogénèse* (molar action). Je considère comme démontrée dans cette partie l'hérédité des caractères acquis ; la raison qui me fait agir ainsi sera exposée dans la troisième partie du livre.

« Dans le règne animal nous devons raisonnablement supposer que la cinétogénèse est plus puissante, comme cause efficiente d'évolution que la physiogénèse. Dans le règne végétal il est à peu près évident que l'évolution est plus ordinairement physiogénétique que cinétogénétique. Les conditions atmosphériques et terrestres jouent un rôle prépondérant dans la détermination de la structure des

---

(1) Comme exemple de physiogénèse, voyez plus loin l'exemple de la non-hérédité de l'alcoolisme en tant qu'alcoolisme.

plantes, mais le mouvement a aussi eu une importante influence [1]. »

Il me semble que cette distinction entre la physiogénèse et la cinétogénèse n'a d'autre raison d'être que la réponse à l'objection précédente de Huxley ; il faut se rappeler le rôle qu'attribuent les néo-lamarkiens à la conscience et à la volonté dans la formation des espèces pour comprendre la valeur à leurs yeux d'une distinction qui paraît puérile à tout esprit non prévenu. Une « molar action » ne peut être que la synthèse de plusieurs « molecular actions. » Tout au plus pourrait-on admettre que la *physiogénèse* est l'influence sur l'organisme d'un agent extérieur qui impressionne directement, chimiquement, chacun des éléments histologiques du corps animal sans retentir le moins du monde sur l'ensemble de cet organisme par la voie des réflexes qui établissent la coordination entre les parties diverses du corps. Voici un exemple qui fera comprendre la pensée du savant Américain : « En 1871, les crues du printemps détruisirent les barrières qui séparaient les deux lacs salés près d'Odessa, diluant ainsi l'eau de la portion inférieure jusqu'à 8° Baumé et y faisant pénétrer en même temps un grand nombre d'individus d'*Artemia salina*. Après la réparation de la digue, l'eau salée acquit rapidement une densité croissante, jusqu'à ce qu'en septembre 1874 elle atteignit 25° Baumé et commença à déposer du sel. Avec l'accroissement en densité, on constata un changement graduel dans les caractères des *Artemia*, jusqu'à ce qu'à la fin de l'été 1874, des formes apparurent qui avaient tous

____

[1] Cope. *Op. cit.*, part. II. *The Causes of variations.* Preliminary, p. 225, 226.

les caractères d'une espèce considérée comme différente, *Artemia Muelhausenii*. L'expérience inverse
fut tentée; une petite quantité de l'eau fut graduellement diluée par M. Vladimir Schmankewitsch qui
conduisait les expériences et quoique continué pendant quelques semaines seulement, cet essai permit
de constater d'une manière très apparente un retour
à la forme *Artemia Salina*. Encouragé par ces
résultats, il continua ses recherches. Prenant des
Artemia Salina qui vivaient dans une eau mère de
concentration moyenne, il dilua graduellement la
liqueur et obtint une forme que l'on connaît sous le
nom de *Branchinecta Schæfferii*, le dernier segment
de l'abdomen étant devenu bipartit. Et ces changements n'ont pas seulement été produits par des
expériences artificielles; les marais salants près
d'Odessa devinrent des mares douces après un certain nombre d'années de lavage, et, par des changements graduels. *Artemia Salina* produisit d'abord
une espèce connue sous le nom de *Branchinecta
spinosa* et, à une densité un peu plus faible, *Branchinecta ferox* et une autre espèce décrite sous le
nom de *Branchinecta media*. Ici, il n'y a pas eu seulement production de nouvelles espèces, mais d'un
nouveau genre [1]. »

Cope met cette observation en rapport avec les
modifications que l'on constate journellement dans
les plantes d'une même espèce cultivées sur des
sols de nature différente. Je ne sais pas jusqu'à
quel point est justifiée la distinction qu'il établit
entre ce genre de variation par physiogénèse et la
variation, plus spéciale aux animaux, qui résulte de

______

(1) Kingsley. *Standard Natural History*, vol. II.

la cinétogénèse. Il me semble que Cope accorde au mouvement une importance exceptionnelle, en le considérant, somme toute, comme la seule manifestation du fonctionnement des organes animaux. Il faut certainement tenir compte des conditions de milieu pour concevoir la forme des plastides à l'état de vie élémentaire manifestée ; j'ai moi-même essayé de montrer qu'il y a un rapport établi entre la composition chimique d'un plastide et sa forme spécifique à l'état de vie élémentaire manifestée dans des conditions de milieu déterminées, mais que cette forme spécifique varie avec les conditions, sans que, pour cela l'on puisse considérer l'espèce comme ayant changé, puisque le retour aux conditions initiales ramène la forme initiale [1]. Mais je ne sais pas si Cope ne se risque pas beaucoup en considérant l'action de la salure sur les *artemia* comme une action purement directe sur les tissus, sans qu'il y ait de modification fonctionnelle expliquant la variation de forme. M. Kowalewsky nous a montré, il y a quelques années, dans le laboratoire de M. Metchnikoff, des têtards d'axolotl complètement colorés en rouge, quoique parfaitement vivants, au moyen d'une substance dont j'ignore la composition. Cette coloration disparaissait au bout de quelque temps d'existence dans l'eau pure et n'avait aucune influence apparente sur la physiologie générale des têtards ; mais ce sont là des faits très rares et encore peu connus. Cope veut-il dire en séparant la variation par physiogénèse de la variation par cinétogénèse que l'*artemia* de l'eau salée a éprouvé de la part du

---

(1) *Théorie nouvelle de la vie*, ch. xii, et *Bactéridie charbonneuse* (Encyclopédie des aide-mémoire Léauté), 2° partie. Voyez aussi ce livre même, ch. iii.

liquide ambiant une influence analogue à celle de
la teinture sur les têtards, avec cette différence que
la teneur en sel influait sur chaque cellule et modifiait sa forme au cours du développement, tandis
que la teinture de M. Kowalewsky ne modifiait que
la couleur des éléments histologiques. Cela est possible, mais je ne sais pas jusqu'à quel point il serait
légitime d'en conclure, contrairement à ce que Huxley reproche à Lamarck d'avoir admis : « Que les
circonstances peuvent modifier directement la forme
ou l'organisation des animaux, sans qu'elles opèrent
en changeant leurs besoins puis leurs actions par
conséquent. » Au lieu de chercher si loin, il vaut
peut-être mieux se dire que Cope a regrettablement
restreint au *mouvement* la signification du fonctionnement organique ; on ne peut guère considérer
aujourd'hui aucun fonctionnement comme n'étant
pas le résultat de réactions chimiques ; seulement
quelques-unes de ces réactions chimiques s'accompagnent de phénomènes physiques extérieurs, comme
le mouvement, d'autres s'opèrent obscurément au
sein des tissus sans attirer notre attention. Il faudrait donc donner plus de généralité que ne le fait
Cope au principe de Lamarck en désignant sous le
nom de cinétogénèse [1], toutes les variations par
fonctionnement chimique ou physique et supprimant
la physiogénèse qui n'aurait plus de raison d'être,
puisqu'elle n'est pas essentiellement différente de la
cinétogénèse.

C'est à l'étude de la cinétogénèse que Cope con-
sacre la majeure partie de son livre ; il cite un très

---

(1) En considérant le mouvement comme le symbole du fonctionnement, puisque toute réaction chimique est en réalité un
mouvement.

grand nombre d'exemples tous très bien choisis et très intéressants, mais il suffit de les parcourir pour se rendre compte de la raison qui l'a déterminé à restreindre au mouvement la signification du fonctionnement organique. Cope est paléontologiste et les parties squelettiques l'intéressent plus que toutes les autres parties des organismes animaux ; or, les parties squelettiques sont la charpente des organes de locomotion, il est donc bien naturel que leur étude donne l'idée d'attribuer une importance capitale au mouvement.

Je renvoie le lecteur à ce chapitre très instructif du livre de Cope ; la formation des articulations et l'origine des types dentaires sont des faits particulièrement intéressants que je ne puis malheureusement résumer ici ; il y a aussi, à la fin du chapitre, des exemples, empruntés toujours au système squelettique, de l'atrophie des organes par suite de la désuétude, mais ce sont des faits qu'il est impossible de rapporter brièvement ; je me contente de citer un exemple d'acquisition mécanique d'un caractère morphologique : « Le professeur A. Hyatt a montré que le sillon dorsal de la coquille des céphalopodes est due à la pression exercée par la région ventrale que l'enroulement de la coquille amène en contact avec cette partie. Il a montré que ce sillon persiste dans des cas où la coquille est devenue, au cours de l'évolution, *plus ou moins déroulée*, ce qui est un cas intéressant de caractère acquis transmis par hérédité. » Je reviendrai plus loin sur cet exemple très intéressant, je me contente pour le moment d'emprunter à Cope le résumé de son chapitre *cinétogénèse* :

« Sous le titre de cinétogénèse (développement

par le mouvement) il faut étudier l'effet de l'usage
et de la désuétude. L'usage entraîne nécessairement
l'évolution des caractères utiles ; ces caractères sont
utiles, par suite de leur adaptation aux fonctions
vitales des êtres qui en sont pourvus. Il est parfaitement bien connu cependant que tous les animaux
et toutes les plantes possèdent plus ou moins de
particularités qui ne sont pas utiles à leurs proprié-
taires ; telles sont les mamelles des animaux mâles ;
les incisions découpant les feuilles et les pétales
palmés ou pectinés chez les plantes ; les organes
rudimentaires de toutes les espèces ; le grand allon-
gement de la colonne vertébrale et spécialement de
la série caudale de certaines espèces... Ces caractères et beaucoup d'autres peuvent être rangés dans
des catégories correspondant à leur origine probable comme il suit :

1° Excès d'énergie de croissance. Exemples : Les
défenses recourbées du mammouth, les plumes allon-
gées de quelques oiseaux.

2° Défaut d'énergie de croissance. α. Atavisme
(molaire supérieure trituberculaire de certaines races
d'hommes) ; β. dégénération par désuétude (jambes
et doigts rudimentaires de nombreux lézards etc.,
etc.....)

C'est uniquement dans la question de l'hypertrophie par l'usage et de l'atrophie par la désuétude
que les explications des néo-lamarckiens présentent
un intérêt réel [1] ; je ne les suivrai donc pas ici sur
le terrain de leurs autres considérations plus ou
moins hypothétiques.

____

(1) Cope résume les causes de variation comprenant la physiogénèse et la cinétogénèse dans la formule générale suivante :
« Variations are caused by the interaction of the organic being

J'ai parlé ailleurs du rôle que les néo-lamarckiens attribuent à la conscience dans l'acquisition des caractères nouveaux. Contentons-nous de rappeler ici que les caractères s'acquièrent ou se développent par l'usage et disparaissent par la désuétude. Cela est hors de doute aujourd'hui, mais aussi cela n'aurait guère d'importance dans la formation des espèces, les caractères acquis étant purement individuels, si l'hérédité ne pouvait transmettre ces caractères acquis aux descendants de ceux qui les ont acquis, et en faire ainsi des caractères de race et d'espèce pouvant subsister (sauf l'atrophie par la désuétude), en dehors même des conditions où ils ont été acquis. C'est là qu'est le grand point de controverse entre les néo-lamarckiens et les néo-darwiniens : Acquired variations may be inherited (N. Lamarck). Acquired variations may not be inherited (N. Darwin).

Je crois avoir réussi, au cours de cet ouvrage, à mettre d'accord les deux théories opposées en montrant qu'elles sont bien plus voisines qu'elles ne le paraissent si l'on évite l'erreur individualiste, et je pense que la possibilité de la transmission des caractères acquis peut être considérée comme démontrée... ; mais il y a un point sur lequel je crois que personne n'a encore attiré l'attention des naturalistes, c'est ce que j'appellerai l'hérédité des caractères morphologiquement latents, quoique spécifiquement acquis.

Je n'entends pas le terme latent au sens où il a

and its environment, » formule qu'il met en opposition avec celle dans laquelle il résume l'opinion des néo-darwinistes : « Variations are congenital or are caused by mingling of male and female germ-plasmas. »

été pris souvent. M. Delage a nettement montré que l'on s'est servi de ce mot pour couvrir un manque absolu d'explication de certains faits[1]. Voici ce que je veux dire :

Lorsque la coordination l'exige, la corrélation doit donner des résultats chimiques (variation quantitative[2]) qui doivent être compatibles avec la morphologie générale ; mais il ne faut pas oublier que le squelette de l'adulte donne à sa morphologie générale une grande fixité ; il est donc vraisemblable que, dans certains cas, un être adulte peut avoir une forme différente de celle qui aurait été, indépendamment du squelette préexistant, la forme d'équilibre correspondant au caractère chimique $p\,q\,r$ de sa composition plastidaire spécifique[3]. Autrement dit un caractère quantitatif peut être acquis chimiquement et rester morphologiquement latent. Or, il est bien certain que c'est le caractère acquis chimiquement qui sera héréditaire ; le fils aura donc, non la forme du père, mais la forme qu'aurait eue le père si son squelette ne s'était opposé à ce qu'il prît la forme d'équilibre caractéristique de sa composition chimique.

Cela étant admis, il peut arriver que certains rejetons soient considérés comme monstrueux tout en étant normaux, et que telle variation soit attribuée à une modification fortuite de l'œuf alors qu'elle est en réalité due à une modification quantitative généralisée dans tout l'organisme parent. Les cas, rapportés par Huxley, des moutons ancons et des hommes hexadactyles, sont peut-être de cette caté-

(1) Delage. *Op. cit.*
(2) Voyez ch. x.
(3) Voyez p. 183.

gorie, et l'on voit qu'il y a là une nouvelle raison de se mettre en garde contre la tendance à considérer les variations comme fortuites. L'erreur individualiste se retrouve à chaque pas dans l'étude de l'hérédité et de la formation des espèces.

CHAPITRE XX

DISCUSSION DES FAITS RELATIFS A L'HÉRÉDITÉ
DES CARACTÈRES ACQUIS

Tout le monde sait que les caractères des parents
sont transmis à leurs descendants par le moyen des
cellules reproductrices ; le fils d'un chien est un
chien, le fils d'un hareng est un hareng. La croyance
à l'hérédité est fondée sur une multitude d'observations que l'on fait sans peine sur les plantes, les
animaux et les hommes et, aujourd'hui, personne
ne songe à en mettre en doute la réalité. C'est un fait
d'observation ordinaire que beaucoup, et même la
plupart des caractères de structure d'une génération sont transmis à sa descendance ; et cela est
vrai, non seulement pour les caractères physiques
de structure qui sont macroscopiquement évidents,
mais encore pour des fonctionnements d'organes
qui dépendent de caractères histologiques microsco-
piques ; telles sont les idiosyncrasies mentales ou
musculaires, etc... Darwin a rassemblé, dans son
livre de la *Descendance de l'homme*, de nombreux
cas de transmission héréditaire de tics de la face, des
mains et d'autres parties du corps.

Mais c'est aussi un fait d'observation ordinaire,
que certaines particularités des parents ne sont pas
ou ne peuvent pas être transmises par hérédité, et

parmi celles-là on peut compter non seulement des mutilations et des blessures, mais aussi des caractères normaux. C'est donc une question importante que de déterminer quels caractères peuvent, quels caractères ne peuvent pas être transmis par hérédité des parents à leurs enfants ; cette question a été étudiée dans le présent ouvrage : je vais dire quelques mots des arguments au moyen desquels les néo-lamarckiens et les néo-darwiniens défendent leurs théories respectives.

Weissmann et d'autres ont insisté sur ce point que les caractères récemment acquis par un organisme ne peuvent être transmis, qu'ils soient le résultat de conditions normales ou anormales. Pour soutenir cette manière de voir, il rappelle la séparation précoce, dès la vie embryonnaire, des éléments reproducteurs d'avec le reste de l'organisme et leur isolement continuel pendant la vie ultérieure, *de sorte qu'ils sont à l'abri des influences extérieures qui agissent sur le reste du corps*. Il insiste aussi sur la permanence de cet isolement du plasma germinatif de génération en génération, isolement qui assure seulement la transmission des caractères qu'*il contient* et non de ceux qui appartiennent aux autres cellules de l'organisme constituant le corps ou *soma*. Les caractères qui sont transmis par hérédité et qui sont présents à la naissance, sont appelés congénitaux, tandis que ceux qui apparaissent dans le soma sous l'influence des excitations extérieures sont appelés acquis [1] ; Weissmann nie donc l'hérédité des caractères acquis.

---

(1) Si l'on réfléchit bien à la signification précise de cette assertion de Weissmann et si l'on remonte, par la pensée, de génération en génération jusqu'au protozoaire initial, on arrive

En dehors du fait que des mutilations ou des blessures accidentelles du soma ne sont pas transmises par hérédité, on a souvent cité des cas variés de non-hérédité de mutilations répétées souvent et pendant de longues périodes de l'histoire du monde. Aussi la rupture de l'hymen des femmes n'a pas été suivie de sa disparition ; la pratique de la circoncision par les juifs n'a pas été suivie par la disparition du prépuce dans cette race. L'action de se couper continuellement les cheveux, comme cela a lieu chez les hommes de certains pays, n'a pas diminué l'abondance de la chevelure. La pratique du pied bot artificiel chez les Chinois d'une certaine classe n'a pas modifié héréditairement la forme du pied..... etc.

Mais, dit Cope, ces observations négatives prouvent seulement que de telles modifications de structure *peuvent ne pas être transmises par hérédité*. Un seul exemple, rigoureusement observé et indiscutable, de transmission héréditaire d'une mutilation prouverait qu'il n'y a pas d'*impossibilité absolue* à l'existence d'une semblable transmission ; or, des exemples authentiques de faits de cette nature sont acquis à la science et j'en citerai tout à l'heure quelques-uns que Cope a réunis dans son ouvrage. « Mais ce n'est pas à des mutilations, ajoute-t-il, que le paléontologiste a affaire ; la rupture de l'hymen et la circoncision, et la plupart des mutilations peuvent arriver seulement une fois dans la vie d'un individu, et généralement elles ne produisent pas

avec Hartog à s'apercevoir que les caractères congénitaux de Weissmann se réduisent à ceux de ce protozoaire ancêtre et que la formation des espèces devient incompréhensible, les œufs d'aujourd'hui ne pouvant être qu'identiques à ces plastides primitifs.

d'effet appréciable sur sa physiologie générale ; de plus, la plupart des mutilations citées plus haut sont exécutées sur un sexe seulement. La question est tout autre quand il s'agit des caractères de structure dans lesquels nous observons les différences réelles entre les types d'animaux. La classification naturelle est en grande partie basée sur les différences présentées par les organes de locomotion et de nutrition ; *or ces organes fonctionnent chez les animaux pendant la plupart des heures de veille ; leur mouvement est perpétuel et ne cesse qu'avec la mort.* Il est donc tout à fait déraisonnable de citer l'histoire des mutilations comme une preuve de l'impossibilité de la transmission héréditaire des caractères naturels résultant de causes naturelles souvent répétées et longuement continuées [1]. » Ce raisonnement très juste étant fait, Cope rappelle la cinétogénèse, c'est-à-dire, le fait que, pour Lamarck et les néo-lamarckiens, les caractères de structure sont produits par l'usage et les autres excitations à la croissance. Or les exemples tirés de la paléontologie (et il y en a un très grand nombre dans la première partie du livre de Cope) montrent que les caractères ainsi produits déterminent une évolution *progressive* depuis les premiers temps géologiques jusqu'à nos jours. Il y a, dit-il, deux explications possibles de ce dernier phénomène : la première est que les caractères d'une génération sont transmis héréditairement à la génération suivante et que cette génération suivante développe lesdits caractères par l'action des mêmes excitations qui leur avaient donné naissance dans la génération précé-

____

[1] Cope. *Op. cit.*, p. 400.

dente, déterminant ainsi une évolution progressive.

L'autre est que ces caractères de structure sont produits par chaque génération pour son compte personnel. « Il est évident (et nous allons retrouver la remarque de Hartog que j'ai précédemment signalée en note) que cette dernière hypothèse ne prévoit pas le développement additionnel d'un caractère dans une génération par rapport à la génération précédente..... ; aussi il suffit d'examiner l'histoire du développement embryonnaire des animaux pour voir qu'elle est absolument insoutenable. Car si quelques-uns ou la totalité de ces caractères acquis peuvent être constatés dans les premiers stages du développement, comme dans l'œuf, la pupe, le fœtus, etc., il devient évident que ces caractères acquis ont été hérités[1]. Or, les recherches embryologiques ont abondamment démontré que tel est précisément le cas, et cela suffit pour permettre de répondre affirmativement à la question de la *possibilité* de la transmission héréditaire des caractères acquis ; et, que cette réponse s'applique à tout temps et à toute évolution, cela résulte immédiatement de ce fait, mis en évidence par la paléontologie, que *tous les caractères aujourd'hui congénitaux ont été acquis à une période ou à une autre*[2]. »

Parmi les exemples que cite Cope à l'appui de la

---

(1) Ici le raisonnement de Cope manque de logique quoiqu'il soutienne une thèse certainement excellente ; il oublie que Weissmann et les néo-darwinistes ne sont pas des néo-lamarckiens et que l'acquisition des caractères par le fonctionnement n'est pas le fond de leur théorie, de sorte que l'apparition chez l'embryon (qui est encore à l'abri des influences extérieures) d'organes qui, d'après les néo-lamarckiens, doivent leur origine à des influences extérieures, est peut-être susceptible d'une explication adéquate aux théories néo-darwiniennes.

(2) Cope. *Op. cit.*, p. 401.

thèse que je viens de résumer, il y en a qui méritent d'être cités :

Les dents possèdent leur structure normale (que Cope a montré ailleurs résulter de la cinétogénèse) pendant qu'elles sont encore dans les alvéoles avant leur éruption. Dans quelques cas on a vu, dans l'embryon, l'évolution d'une dent de type primitif ancestral en une dent de type moderne [1].

J'ai déjà cité plus haut cette observation de Hyatt [2], que le sillon dorsal de la coquille des céphalopodes est dû à la pression exercée par la région ventrale que l'enroulement de la coquille amène en contact avec cette partie. Cope détaille tout au long les observations de cet excellent paléontologiste, et elles sont tellement probantes que je voudrais pouvoir les citer sans rien en abréger ; je vais essayer de les résumer en les simplifiant, dans quelques lignes.

On trouve, dans les terrains très anciens, des coquilles de céphalopodes qui ont la forme d'une corne de vache et dont la section transversale est à peu près circulaire ; en suivant la série des fossiles de cette catégorie dans des terrains plus récents, on constate que ces coquilles, presque droites naguère, se sont enroulées de plus en plus à la manière d'une spirale d'Archimède ; nous ne pouvons pas comprendre les raisons de cette transformation progressive, mais la présence de certains caractères communs permet de considérer comme démontré que les formes enroulées *descendent* des animaux à coquilles droites. Or, l'enroulement est tellement fort dans certains types que les tours de

---

(1) Cope. *Op. cit.*, p. 401.
(2) *Proceedings of american Philosophical Society*, vol. XXXII, p. 615.

spire successifs s'impriment les uns dans les autres, donnant naissance à ce sillon dorsal dont j'ai parlé plus haut, sillon dorsal dont la genèse mécanique est évidente puisqu'il résulte sans conteste de la pression du tour de spire précédent sur le suivant.

Tant que les animaux en question restent aussi nettement enroulés, les néo-darwiniens peuvent prétendre avec Weissmann que ce caractère du sillon dorsal est acquis individuellement par chaque céphalopode pour des raisons mécaniques évidentes, le contact des tours de spires.

Mais voilà qu'à une période plus récente de l'histoire du monde, les découvertes paléontologiques nous montrent que les descendants de ces céphalopodes à coquille enroulée ont subi un commencement de déroulement et ont maintenant la forme d'une spirale d'Archimède à tours de spire plus écartés les uns des autres et ne se touchant plus ; et notez bien que des caractères communs permettent d'affirmer que ces céphalopodes à moitié déroulés descendent de ceux dont l'enroulement était beaucoup plus serré. Or, que doit-il arriver dans ces conditions ?

Si, comme le veulent les néo-darwiniens, chaque individu acquiert ses caractères propres pour son compte personnel et sans hériter de ses ancêtres aucun caractère acquis, les tours de spire ne se touchant plus et ne se comprimant pas les uns les autres, leur section transversale doit être *circulaire* comme le serait celle d'un long cylindre de boudin que vous disposeriez sur une table en une spirale d'Archimède à tours de spire *séparés ;* autrement dit, comme l'était celle de leurs grands ancêtres, dans les temps très anciens, avant que les conditions extérieures eussent déterminé l'enroulement.

Eh bien ! ce n'est pas du tout cela qui arrive ; *la section transversale a la forme d'un cercle échancré à cause de la persistance du sillon dorsal.* Or, l'exemple actuel présente cette condition tout à fait avantageuse et d'ailleurs très rarement réalisée, que les raisons mécaniques de la formation de ce sillon sont d'une évidence palpable et que l'on peut être certain qu'elles n'existent plus pour les céphalopodes déroulés de la troisième période chez lesquels cependant ce sillon dorsal est conservé comme une preuve indiscutable de l'hérédité possible des caractères acquis.

Autres exemples :

Certains éleveurs sont arrivés à diminuer la taille de quelques animaux de luxe au moyen d'une nourriture insuffisante ; les descendants de ces êtres amoindris peuvent conserver leur petite taille pendant plusieurs générations, même lorsqu'ils sont très abondammnnt nourris. Cet exemple a moins de force que le précédent, et les néo-darwiniens peuvent l'expliquer sans peine en recourant uniquement au principe de la sélection naturelle. Il en est de même pour l'exemple que cite Cope de la rapidité croissante des chevaux élevés en vue des courses depuis un siècle.

Enfin, voici quelques cas d'hérédité de mutilation qui ne manquent pas d'intérêt et qui sont assez peu connus :

Une jument pleine reçut à un œil une blessure grave *suivie d'une violente ophtalmie ;* elle mit bas une pouliche ayant l'œil correspondant avorté.

Un coq de combat perdit un œil ; peu après et *pendant que la blessure était encore en fort mauvais état,* il fut transporté dans un autre lot de poules de sa race qui, fécondées par d'autres coqs, avaient eu des poussins normaux ; il leur donna des petits dont un grand nombre avaient un œil défectueux.

Une jument, ayant eu un paturon fendu, fut employée comme poulinière ; elle eut quatre poulains dont le second avait le même paturon fendu.

Une femme eut les rotules brisées et mal ressoudées pendant sa grossesse ; elle donna naissance, quatre mois après, à un fils qui présenta aux rotules des déformations identiques à celles qui résultaient chez elle-même de la soudure vicieuse des fragments de ces os ; cette dernière observation est de Cope lui-même.

Il y a deux catégories bien distinctes dans les observations précédentes : les unes se rapportent à des mutilations opérées *pendant la grossessse* et transmises aux rejetons ; elles sont en dehors de la question de l'hérédité des caractères acquis[1].

Les autres se rapportent à des mutilations *antérieures* à la conception, à la fécondation ; il faut remarquer que ces dernières, dans tous les cas cités, ont causé des troubles généraux graves, ce qui est bien en relation avec la manière dont nous nous sommes expliqué plus haut la transmission des caractères acquis.

LE BIEN-ÊTRE ET L'ABATARDISSEMENT DES RACES. — Voici une conséquence bien inattendue de l'hérédité des caractères acquis ; nous avons vu que ce phénomène, guidé par la sélection naturelle, explique l'évolution progressive des organismes et nous permet de nous rendre compte de l'existence d'un

(1) Mais sont de même ordre que les phénomènes de télégonie. (Voyez ch. xxiv.)

corps, comme l'œuf de poulet, qui donne naissance, à l'éclosion, à un être aussi compliqué que le poussin et aussi merveilleusement coordonné. La décadence des races heureuses découle aussi cependant de l'hérédité des caractères acquis.

D'abord, il y a, dans le cas considéré, *une sélection artificielle*, *à rebours*, due quand il s'agit de l'homme aux phénomènes affectifs et à la possibilité de protéger contre une mort immédiate les individus malingres qui, livrés à eux-mêmes, auraient certainement disparu. Voyons-en un exemple chez les animaux :

Dans les riches pays d'élevage, les éleveurs qui possèdent de nombreux troupeaux, ont un grand intérêt à ce que les individus constituant ces troupeaux présentent, au plus haut degré, certains caractères avantageux (production de viande, production de laine, rapidité des chevaux, etc...) ; aussi sacrifient-ils sans regret les jeunes qui sont les moins bien doués et ne conservent-ils que les types chez lesquels les caractères avantageux cherchés sont le mieux développés.

Le résultat de cette sélection raisonnée est que les types reproducteurs des générations successives sont de plus en plus remarquables ; il y a amélioration de la race. L'exemple de la race Durham est, à ce point de vue, tout à fait curieux.

Considérons au contraire un pays pauvre, comme la Basse-Bretagne par exemple. Les paysans, qui ne possèdent que peu de chevaux font tout leur possible pour conserver, non seulement les jeunes qui sont mal doués, mais même ceux qui, abandonnés à eux-mêmes, n'eussent pas pu vivre ; il en résulte un nombre croissant de produits de mauvaise qualité qui servent ensuite de reproducteurs et donnent des rejetons aussi mal, sinon plus mal doués qu'eux. Voyez la différence qui existe entre les vaches et les chevaux de la Bretagne et les admirables bêtes des pays d'élevage comme la Normandie, l'Angleterre.

Chez l'homme il en est de même, mais pour des raisons affectives et non pour des raisons d'intérêt. Lycurgue voulait qu'on sacrifiât dès leur naissance tous les enfants malingres et rachitiques, et il voulait ainsi faire de la bonne sélection raisonnée, car une fois ces enfants devenus adultes, on ne pourra les empêcher de se reproduire.....

Tout ceci est le résultat d'une sélection mal dirigée, et il est certain que l'hérédité seule rend cette sélection nuisible; mais il y a aussi une décadence marquée due uniquement à l'hérédité des caractères acquis par le bien-être.

Un animal vraiment vigoureux est celui qui peut résister à un grand nombre de causes de destruction. C'est présisément sous l'influence de ces causes de destruction, sans cesse agissantes au cours de l'évolution de l'espèce, que la sélection naturelle a guidé les progrès de cette espèce. Je considère, par exemple, la lutte contre le froid ; tous les animaux sauvages sont admirablement doués pour cette lutte ; l'homme au contraire et surtout l'homme civilisé, après avoir été sans doute non moins bien doué à ce point de vue que les autres animaux sauvages, le devient de moins en moins. Pourquoi ? C'est que l'homme a actuellement, en dehors de son propre organisme, des moyens d'éviter le froid. Il *évite* le froid au lieu de lutter contre lui ; il se couvre de vêtements, vit dans des maisons closes, et ne saurait plus s'en passer, de même que beau-

coup d'animaux domestiques, dégénérés par le
bien-être, ne peuvent plus s'accoutumer à la vie
sauvage. Je m'en tiens ici à la lutte contre le froid
qui est un exemple fort remarquable d'assimilation
fonctionnelle. D'après la définition que j'ai donnée
plus haut du mot organe [1], je puis appeler *organe* de
la lutte contre le froid, l'ensemble des éléments
dont l'activité détermine, dans ce cas particulier, la
victoire de l'organisme. Cet organe se développe en
hiver par un fonctionnement journalier (assimilation
fonctionnelle) ; aussi supportons-nous aisément à la
fin de l'hiver une température qui, en été, nous
rendrait malades si elle survenait brusquement ;
c'est qu'en été, l'organe en question est peu à peu
atrophié par l'inactivité ; les personnes qui passent
la plus grande partie de leur temps dans un appar-
tement chauffé par un calorifère, souffrent beaucoup
plus du froid quand elles sortent... etc. Voilà pour
la vie individuelle. Pour ce qui est de l'histoire de
la race, remarquons que dans les générations successives les hommes qui se couvrent de vêtements
chauds et habitent des maisons chauffées arrivent à
atrophier de plus en plus leur appareil de résistance
au froid. Or, cette atrophie se transmet héréditairement, partiellement au moins, et finit par devenir
de plus en plus complète au bout de plusieurs générations. Les gens de notre race ne pourraient plus
vivre nus en hiver. Ce qui est vrai pour le froid est
vrai pour tous les autres agents naturels de destruction ; les races civilisées deviennent de moins
en moins aptes à lutter *individuellement* contre le
milieu, parce qu'elles se reproduisent dans des con-

____

[1] Voyez p. 101 en note.

ditions où cette lutte est devenue inutile ; les animaux domestiques, je le répète, meurent souvent quand on les rend à la vie sauvage ; l'homme, gâté par les avantages de la vie sociale, ne peut plus se suffire à lui-même... Voilà comment, l'hérédité des caractères acquis par assimilation fonctionnelle explique la décadence des races qui ont trop de bien-être.

L'ACCÉLÉRATION EMBRYOGÉNIQUE. — Nous avons vu plus haut que, dans des conditions analogues (à moins, par exemple, que des quantités considérables de vitellus différemment disposées ne modifient mécaniquement les conditions du développement de l'un des plastides initiaux par rapport à l'autre), dans des conditions analogues, dis-je, les différences sont beaucoup moins sensibles entre les embryons correspondants de deux espèces voisines qu'entre les adultes. C'est la base de la loi de Serres.

Mais, quand il y a beaucoup de vitellus, sa présence intervient mécaniquement tant qu'il n'est pas consommé et peut, par suite, masquer considérablement la ressemblance entre les embryons correspondants, même quand ces embryons proviennent de plastides initiaux voisins, et l'on connaît beaucoup de cas où cela se produit ; mais, nous l'avons constaté à propos de la cicatrisation, lorsque le squelette ne s'y oppose pas, la forme du corps est précisément à chaque instant la forme d'équilibre que prendrait, libérée de toute entrave, l'agglomération polyplastidaire au moment considéré. Il n'est donc pas étonnant, quand l'entrave mécanique due au vitellus a disparu par la consommation de ce vitellus, que l'embryon libéré prenne, débarrassé de cette entrave nutritive, une forme beaucoup plus voisine d'un embryon de même âge (provenant d'un plastide initial d'espèce voisine, sans vitellus) que ne l'ont été jusque-là les formes de même âge des deux embryons évoluant parallèlement, l'un avec, l'autre sans vitellus.

Fritz Müller a fait remarquer que, dans le cas de la présence d'un vitellus abondant, l'évolution vers l'adulte est plus rapide, d'où le nom d'accélération embryogénique due aux phénomènes qui prennent place dans ces conditions. Il est évident que cette accélération embryogénique est acquise et non primitive. En effet, ce que nous avons appris de la formation des espèces par cinétogénèse, avec transmission héréditaire des caractères acquis, nous autorise à affirmer que tous les caractères utiles des animaux ont été acquis successivement et que le développement initial de l'espèce s'est fait par individus *libres*. Il n'est pas compréhensible, autrement, qu'il existe un corps aussi bien fabriqué que l'œuf de poulet, donnant naissance, à l'éclosion, à un merveilleux poussin. L'accélération embryogénique est donc un caractère *acquis* et fixé par sélection naturelle parce qu'il est avantageux en rendant le développement plus rapide et aussi parce qu'il rend l'espèce beaucoup moins variable. Ce dernier point résulte en effet de ce que nous avons déjà remarqué plus haut [1], que les modifications introduites dans l'individu par l'éducation seront de moins en moins considérables suivant que l'individu viendra à éclore à un stade de plus en plus voisin de l'état adulte. Donc une espèce qui, comme l'écrevisse, le poulet, naîtra avec presque tous les caractères de l'adulte,

____

(1) Voyez ch. xiv.

sera beaucoup moins sujette à une variation par cinétogénèse qu'une espèce qui, comme le Penœus, éclot
au stade nauplius.

Il est utile, dans l'étude de la formation des
espèces, de savoir reconnaître ce qu'il y a de primitif et de secondaire dans les caractères du développement embryologique. Giard a donné à ce sujet
la loi suivante qu'il a appelée loi de la nécrobiose
phylogénique [1] :

« Quand, par suite d'une embolie ou de toute
autre cause pathologique, un tissu normal ou un néo-
plasme n'est plus nourri que d'une façon insuffisante,
ce tissu et cette tumeur subissent dans leurs éléments
une modification spéciale qui aboutit à la mort de
ces éléments, à leur transformation en granulations
graisseuses et à leur fonte ou leur résorption par les
phagocytes. C'est ce qui constitue la dégénérescence
graisseuse ou nécrobiose pathologique [2].

« De même, quand un organe a joué un rôle
important dans la phylogénie d'un groupe zoologique, il arrive souvent que cet organe réapparaît par
hérédité dans l'ontogénie d'un animal de ce groupe,
bien qu'il soit devenu complètement inutile à l'embryon [3] ; mais alors cet organe est toujours essentiellement transitoire : il présente une tendance marquée à la réduction et les cellules qui le composent,
entrent rapidement en régression et dégénérescence
graisseuse parce que le développement des organes
directement utiles de la nouvelle forme embryonnaire détourne les principes nutritifs de leur direction

____

(1) *Principes généraux de biologie*, 1877, p. XXIV-LX.

(2) Condition n° 2.

(3) Voyez le dernier paragraphe du chapitre de l'*Hérédité des
caractères acquis*, p. 200.

première[1] : l'absence de fonction atrophie l'organe insuffisamment nourri, et souvent même, cet organe n'est plus représenté dans l'évolution que par un amas graisseux, comme cela se voit pour l'embryon anoure de la molgule, où la corde dorsale n'est plus indiquée que par l'amas appelé *sphère de réserve.*

« L'étude de cette nécrobiose peut jeter une grande lumière sur une foule de phénomènes importants de l'embryogénie, en rendant claire et légitime l'application du principe de Müller. C'est par ce phénomène qu'on peut expliquer par exemple la période de nymphe immobile chez les insectes à métamorphoses complètes. On peut comparer dans ce cas l'évolution de l'animal à la course d'un anneau auquel on imprime à la fois un mouvement de rotation d'avant en arrière et un mouvement de translation d'arrière en avant. Quand ce dernier cesse d'agir, l'anneau s'arrête un moment, puis se dirige en sens contraire de sa direction première : le mouvement de rotation correspond à l'hérédité ; le mouvement de translation, c'est l'adaptation de la larve à un genre de vie spécial, souvent, comme chez les larves de papillon, à la vie de parasite.

Quand les globules graisseux apparaissent dans les premiers phénomènes embryogéniques ils ont la même signification : simplification et condensation de l'embryogénie. Lorsque deux processus de formation aboutissent par des modes différents au même résultat morphologique, si l'un deux a présenté à un moment donné la nécrobiose phylogénique, on peut affirmer qu'il est secondaire et l'autre primitif. »

Ce qui domine toute l'embryogénie, c'est le phé-

---

(1) Ou simplement, par condition n° 2 résultant du non-fonctionnement.

nomèné que nous rappelions en commençant ce chapitre : que, lorsque le squelette ne s'y oppose pas, la forme du corps est précisément à chaque instant la forme d'équilibre que prendrait, libérée de toute entrave, l'agglomération polyplastidaire au moment considéré ; c'est ce qui explique que deux types adultes puissent être très voisins quoique ayant l'un une embryogénie libre et dilatée, l'autre une embryogénie condensée avec nécrobiose phylogénique.

CHAPITRE XXI

THÉORIE DU PLASMA GERMINATIF

J'ai terminé l'étude de l'hérédité des caractères congénitaux et des caractères acquis sans avoir prononcé une seule fois l'expression « plasma germinatif ». Je n'ai pas cru devoir admettre entre les divers éléments histologiques du corps une différence quelconque autre qu'une différence quantitative de composition ; il faut donc que je discute ici la théorie du plasma germinatif que l'on retrouve, plus ou moins complètement adoptée, dans tous les livres sur l'hérédité. J'emprunte les passages suivants au livre de M. Delage :

« ... Le métazoaire ne meurt pas tout entier. L'homme laisse des enfants qui sont une partie de sa substance, et il contiune à vivre en eux. Il ne s'agit pas ici de métaphore [1], mais d'un fait anato-

---

(1) Ce n'est pas en effet une métaphore, c'est une erreur qui provient de la confusion entre la vie et la vie élémentaire. Si l'on fait la transfusion du sang d'un individu à un autre, les leucocytes du premier passent dans le second et cependant on ne dit pas que le second continue la vie du premier. Le métazoaire meurt et meurt tout entier, mais, de la cessation de sa vie, ne résulte pas fatalement la cessation de la vie élémentaire, la mort élémentaire de tous ses tissus. Quelques éléments, restant doués de vie élémentaire, peuvent être le point de départ d'une *nouvelle* vie qui n'est pas le moins du monde la continuation de la première. La mort est un phénomène individuel, la mort élémentaire est un phénomène chimique. Voyez *l'Individualité*. Bibl. de phil. contemporaine.

mique. L'œuf fécondé est fait tout entier de la substance des parents ; or, l'enfant n'est que l'œuf grandi et développé et, bien qu'en grandissant il ait multiplié des milliers de fois sa substance, il n'a cependant pas pour cela cessé d'être la continuation de ses parents[1], comme le montre sa ressemblance avec eux, en dépit des conditions de vie différentes qu'il a pu rencontrer.

« En réalité donc, le métazoaire ne meurt qu'en partie ; il se divise en deux parts, l'une qui meurt[2], l'autre qui continue à vivre, et cela indéfiniment. Il y a en lui deux choses, l'une mortelle, le corps, le *soma*, l'autre immortelle[3], les cellules germinales que l'on pourrait appeler dans leur ensemble le *germen*. Ce *germen* est immortel exactement à la manière des infusoires ; comme eux, bien plus qu'eux, il est fragile. Combien d'œufs et surtout de spermatozoïdes meurent ainsi tous les jours ! Mais il est pour eux, comme pour les infusoires, une possibilité de continuer à vivre s'ils remplissent la

(1) Au point de vue chimique, oui, sans aucun doute et l'hérédité est précisément le phénomène de la ressemblance de composition des éléments des parents et de ceux des enfants, mais, je le répète, la vie est un phénomène *individuel* et l'individu *meurt* sans se continuer en quoi que ce soit dans d'autres individus. Comment s'exprimer d'ailleurs au point de vue individualiste, lorsque le père et le fils vivent en même temps, s'ils sont le même individu, si l'un est la continuation de l'autre ; n'est-il pas évident que ce sont deux existences tout à fait distinctes ? Ce serait le mystère de la Sainte Trinité !

(2) Ce mot *meurt* se rapporte à la mort véritable, tandis que le mot vivre qui le suit immédiatement se rapporte à la *vie élémentaire*, c'est la continuation de la confusion entre la mort élémentaire et la mort, entre le phénomène chimique et le phénomène individuel.

(3) Immortel veut dire : « non susceptible d'être atteint par la *mort* » et non pas « capable de conserver indéfiniment la *vie élémentaire* ».

condition nécessaire qui est de se rencontrer et de se fusionner dans la fécondation [1].

« Quelle est l'origine de cette différence entre le *soma* et le *germen* ? Les anatomistes l'ont depuis longtemps saisie et interprétée d'une façon très acceptable.

« H. Milne-Edwards et, après lui, Kolliker, Huxley et d'autres pensent simplement que le plasma de l'œuf, étant non différencié, est capable, comme il le prouve d'ailleurs, de reproduire l'être entier ; qu'en se divisant il fournit deux sortes de cellules, les unes semblables à lui et restant telles, ne se différenciant pas et restant par là capables de reproduire encore l'organisme ; les autres qui, d'abord semblables, se différencient peu à peu en cellules de divers tissus et perdent par là le pouvoir de produire autre chose que le tissu dont elles ont pris le caractère [2].

« L'objection à cela est qu'on ne voit pas dans l'ontogénèse les cellules de la lignée ascendante des germinales garder l'aspect de l'œuf ; souvent elles subissent une faible différenciation au moins apparente, en cellules épithéliales.

« Aujourd'hui, une opinion différente tend à prévaloir.

« On admet que les cellules germinales sont faites d'un plasma d'une nature spéciale, *immortel par essence*, et contenant en puissance l'organisme

---

(1) Mort élémentaire des plastides incomplets à la condition n° 2. Vie élémentaire manifestée, à la condition n° 1, des plastides complétés l'un pour l'autre.

(2) Nous avons vu ce qu'il faut accepter de la théorie de la spécificité des tissus. Quant à cette division du plasma en deux parties, elle n'est pas admissible ; tous les éléments histologiques subissent des variations quantitatives qui les adaptent à leurs conditions topographiques et voilà tout !

entier, c'est le *plasma germinatif*, et que les cellules du corps sont faites d'un autre plasma *mortel moins noble et moins complet*, le *plasma somatique*.

« Plasma veut dire ici substance vivante, essentielle, sans préciser si elle appartient au cytoplasma ou au noyau.

« Nous aurons à discuter ailleurs les théories de la constitution et de la nature du *plasma germinatif*. Mais pour le moment, nous pouvons accepter le *plasma germinatif* comme un fait indéniable, en le définissant ; *cette partie de la substance des parents qui ne meurt pas avec eux et se perpétue dans leurs enfants*. De cette définition même résulte la *continuité du plasma germinatif*, qui est moins une théorie qu'une manière d'envisager la filiation des substances dans la génération. Elle consiste à considérer non pas, comme on le fait d'ordinaire, l'individu engendrant l'œuf, qui devient un individu, qui engendre un nouvel œuf, et ainsi de suite ; mais l'œuf se dédoublant en un corps et un œuf, celui-là mourant, celui-ci se dédoublant en un nouvel œuf et un nouveau corps, et ainsi de suite... C'est Jæger qui, le premier, en a eu l'idée et l'a nettement exprimée. Puis Nussbaum l'a développée, et enfin Weissmann s'en est fait le champion et l'a tant creusée, modifiée, adaptée, qu'il l'a faite sienne en quelque sorte [1]. »

L'erreur individualiste est tellement évidente dans toute la citation précédente qu'il est inutile d'insister à nouveau sur la confusion constante qui y est faite entre la vie élémentaire et la vie ; je continue à

(1) Delage. *L'Hérédité. Op. cit.*, p. 178-180.

suivre le même auteur dans la partie de son livre où, après avoir résumé les idées des autres, il expose les siennes propres :

« L'œuf doit être considéré comme formé de masses protoplasmiques incluses les unes dans les autres ou juxtaposées et douées chacune d'une constitution chimique déterminée[1]. L'œuf vit[2]; il absorbe et excrète comme toutes les autres cellules, sa constitution subit donc des changements[3] incessants et cependant elle se maintient, en somme, identique à elle-même.

« Le plasma germinatif n'est donc pas un *noli me tangere* si délicat; il peut subir des modifications et se retrouver identique à lui-même après une évolution cyclique[4]. Les proportions de ses substances peuvent varier[5] sans que la variation ainsi produite

(1) Pour expliquer la distribution des différentes substances plastiques dans l'œuf ou dans un plastide quelconque il y aurait peut-être lieu de répéter pour ces différentes parties du plastide les raisonnements que nous avons faits plus haut pour expliquer le rôle de la sélection naturelle dans la distribution des éléments histologiques adaptés aux différents points de l'organisme métazoaire.

(2) Vie élémentaire manifestée. (V. *Théorie nouvelle de la vie*, l. II.)

(3) Il faut bien s'entendre sur ce qu'on entend par changements; si l'on considère le plastide dans son entier, il y a lieu en effet de croire que des changements s'y produisent à cause de l'accumulation des substances R et de l'usure de certaines substances de réserve; mais si l'on considère les substances plastiques seulement, on doit admettre qu'à la condition n° 1, elles ne subissent aucune variation; à la condition n° 2, si elle n'est pas trop prolongée, elles subissent une variation quantitative; la variation qualitative est probablement tout à fait exceptionnelle.

(4) Voyez plus haut, ch. viii, ce qu'il faut entendre par l'évolution dite cyclique et quel y est le rôle des substances R.

(5) Mais c'est précisément cette variation qui produit la différenciation histologique. (Voyez plus haut la *Variation quantitative*.)

soit indélébile. L'alcool, les substances médicamenteuses ou les toxines microbiennes affectent profondément les cellules de certains tissus et changent, non seulement leur constitution chimique et leurs propriétés, mais, par leur action morphogène, influent parfois sur leurs caractères physiques, et cependant, quand ces substances sont éliminées, elles ne laissent souvent aucune trace de leur passage [1]. Il n'est donc pas impossible que les cellules des lignées germinales présentent un degré plus ou moins avancé [2] de différenciation et restent cependant capables de reformer les éléments sexuels...

«... Pour expliquer la différence entre le *Germen* immortel et le *Soma* mortel, Spencer invoque la suffisance ou l'insuffisance de la nutrition, Bütschli le renouvellement ou l'épuisement d'un ferment; Lendl propose sa théorie du ballast, et tous ont recours à la sélection naturelle [3] et à l'avantage, pour l'espèce, de ne pas conserver un corps usé et incapable de se reproduire.

« Or, il saute aux yeux que la vraie cause n'est pas là et qu'elle n'est autre que la différenciation.

---

(1) Mais alors ce n'est plus une variation au sens propre du mot, puisqu'elle ne porte pas sur les substances plastiques ; ce n'est qu'une variation apparente. (V. plus haut, ch. III.)

(2) Mais la question est de savoir si cette différenciation est due à une variation apparente ou à une variation vraie ; dans le premier cas, cela reviendrait à la théorie du Ballast de Lendl ; dans le second il y a variation quantitative guidée par la sélection. (V. ch. IV.)

(3) La sélection naturelle, qui explique tant de choses en biologie, se trouve ici appliquée d'une manière fautive. Il est inutile, pour expliquer la fatalité de la mort chez les métazoaires, de faire intervenir autre chose que la limitation du milieu intérieur et la production constante d'un squelette croissant de substances R solides. (V. *l'Individualité, Op. cit.* Pourquoi l'on devient vieux.)

« Sans exception aucune, toutes les cellules de métazoaires ou de métaphytes qui servent à la continuation de l'espèce par voie asexuelle ou sexuelle, sont des cellules peu ou point différenciées. Il suit de là que toute cellule non différenciée est immortelle[1] et ne demande, pour continuer à vivre, que d'être placée dans des conditions qui le lui permettent et que toute cellule différenciée est vouée à une mort inévitable sans qu'il y ait pour elle aucune possibilité d'y échapper[2]. Le corps des métazoaires meurt parce qu'il est formé en majeure partie de cellules différenciées, et s'il reste en lui des cellules peu ou point différenciées au moment de la mort, elles meurent

(1) Capable de vie élémentaire manifestée indéfinie (condition n° 1), pourvu que le milieu soit renouvelé, ou au moins de vie latente prolongée pourvu que n'intervienne pas une condition n° 2 conduisant à la mort élémentaire.

(2) Voilà une affirmation absolument gratuite et qu'aucun fait connu ne vient vérifier. Nous avons vu plus haut ce qu'il faut entendre par différenciation histologique; c'est une variation adaptative guidée par la sélection naturelle et probablement toujours quantitative. Un élément, dérivant de l'œuf, est dit très différencié quand il a subi une adaptation à des conditions très différentes et a acquis ainsi, par variation quantitative, une morphologie et une physiologie très caractéristiques. Que l'on déclare plus délicat un élément ainsi adapté à des conditions très spéciales, cela est tout simple, par suite même de la nécessité pour lui de rencontrer réalisées ces conditions très spéciales, mais si ces conditions sont réalisées, pourquoi déclarer que cet élément est fatalement voué à la mort élémentaire ? C'est tout à fait illogique. Un muscle qui fonctionne est le siège d'une *multiplication d'éléments*, quand ces éléments sont à la *condition muscle*, et il en est de même pour tous les tissus, quelque différenciés qu'ils soient. Ici encore il y a confusion entre la mort et la mort élémentaire, et M. Delage oublie que la mort peut être fatale pour un organisme composé d'éléments dont aucun n'est voué à la mort élémentaire. La mort est fatale à cause de l'accumulation des substances squelettiques qui rendent à un moment donné la coordination impossible, c'est-à-dire (voyez plus haut) qui empêchent que le renouvellement du milieu intérieur puisse s'effectuer et s'opposent ainsi à la réalisation des conditions qui, pour M. Delage, permettent aux cellules d'être immortelles.

aussi parce que la nutrition leur est supprimée. Les cellules sexuelles, cellules de bourgeons, parties greffées, bouturées, etc., n'y échappent que parce qu'elles ont été mises, à temps, à même de se nourrir par elles-mêmes ou à l'aide d'autres individus [1].

« Chez les pucerons, les Elodea, les pommes de terre et autres êtres capables de se propager indéfiniment par voie asexuelle, les cellules différenciées meurent, comme toujours, et c'est seulement par des éléments indifférenciés [2] que la vie se continue. Le fait est si général, on peut dire si absolu, qu'il n'y a pas à le discuter (??).

« Nous pouvons donc poser en principe que toute cellule non différenciée est indéfiniment capable de se diviser et de se multiplier tant qu'elle a les moyens de se nourrir [3] ; et que toute cellule, en se différenciant, met, par cela même [4], une limite à sa faculté de division.

« Le premier point est évident *a priori*. Si une cellule, en se divisant, donne deux filles absolument identiques à elle, ces deux filles seront aussi aptes à se diviser que leur mère [5] ; et il en sera de même

(1) Dans une greffe, les éléments différenciés ne meurent pas plus que les autres ; ils sont, comme les autres, séparés à temps d'un organisme condamné par son squelette à une mort fatale, et évitent ainsi la mort élémentaire, absolument comme les éléments non différenciés.

(2) Voyez plus haut l'application aux éléments histologiques de la *Law of the unspecialized* de Cope, p. 219.

(3) Il en est de même pour tout élément, quelque différencié qu'il soit, pourvu que sa condition n° 1 soit réalisée.

(4) C'est comme si l'on disait qu'une bactéridie atténuée se développe mieux qu'une bactéridie virulente ; chacune a plus ou moins d'aptitude à se multiplier dans tel ou tel milieu.

(5) Sans doute, s'il s'agit de protozoaires, mais ce n'est plus du tout évident quand il s'agit d'agglomérations polyplastidaires, car il faut faire entrer en ligne de compte la possibilité du

indéfiniment. On pourrait mettre la chose sous cette forme : *la division homogène ne diminue jamais la vitalité des cellules.*

« Quant au second point, il n'est pas évident *a priori*. Une cellule peut, dans une division hétérogène, donner naissance à deux cellules dont l'aptitude à se diviser ne soit en rien inférieure à la sienne. Il en est ainsi dans beaucoup de cas. La faible différenciation du spermatozoïde, des cellules cambiales, des cellules de bourgeon, ne les empêche pas d'être capables de survie indéfinie. Mais c'est un fait évident, que toute division hétérogène risque d'avoir pour conséquence une diminution de l'aptitude à se diviser. Dès lors la différenciation progressive basée sur une longue suite de divisions hétérogènes [1] doit avoir, presque forcément, pour résultat, de supprimer l'aptitude à des divisions indéfinies.

« Il suit de là que la différence n'est nullement tranchée entre les éléments immortels [2] et ceux qui

renouvellement du milieu intérieur. Il n'est pas du tout inconcevable qu'un être composé *uniquement* de cellules toutes semblables soit néanmoins condamné à une mort fatale par l'accumulation des substances squelettiques. Seulement, la mort générale entraînerait dans ce cas la mort élémentaire de *tous* les éléments histologiques ou d'*aucun* de ces éléments, puisqu'il sont tous semblables. Dans la Magosphœra planula de Hœckel, la mort résulte d'une disjonction brusque de la colonie, dont tous les éléments, séparés, restent doués de vie élémentaire et recommencent un nouvel individu.

(1) Encore une affirmation gratuite; il est certain qu'il y a des divisions hétérogènes dans le développement individuel, mais il n'est pas moins certain que des différenciations profondes peuvent provenir d'une série de bipartitions homogènes, avec alternatives de condition nº 1 et de condition nº 2. Au contraire, le seul véritable exemple indéniable de division hétérogène est précisément celui de la maturation des produits sexuels (expulsion des globules polaires), qui fait de ces éléments des plastides incomplets, condamnés à la mort élémentaire, sauf fécondation.

(2) Cette différence consiste seulement en ceci que les éléments immortels (!!) sont susceptibles de trouver leur condition nº 1 en

ne le sont plus... En résumé, la plupart des cellules ont une constitution interne telle qu'en se divisant elles se différencient de plus en plus [1]. La différenciation a pour résultat, d'abord une diminution de l'aptitude à se diviser et, en outre, directément chez les unes, indirectement chez les autres, un arrêt de l'accroissement. L'arrêt de l'accroissement des éléments cellulaires a pour conséquence [2] non immédiate, mais fatale, l'arrêt de leur nutrition, c'est-à-dire leur mort [3]. »

Je pense que les notes accompagnant le passage précédent auront suffi à montrer que la théorie du plasma germinatif, la théorie de la mortalité du corps et de l'immortalité du germe, sont des conséquences de l'erreur individualiste. Les partisans de ces théories, et ils sont extrêmement nombreux, considèrent que la mortalité ou l'immortalité sont des propriétés des éléments histologiques plus ou moins différen-

dehors de l'organisme auquel ils appartenaient et ne sont donc pas condamnés à la mort élémentaire par la mort de cet organisme, tandis que les éléments mortels (!!) sont adaptés à des conditions trop précises qu'ils ne rencontrent pas en dehors de l'organisme auquel ils appartenaient ; ils sont donc condamnés à la mort élémentaire quand la destruction de la coordination (mort) arrête le renouvellement du milieu intérieur. (V. plus haut, ch. x.)

(1) Ce n'est pas vrai ; elles ne se différencient que lorsque des alternatives de condition n° 1 et de condition n° 2 les adaptent à des conditions nouvelles.

(2) N'est-ce pas plutôt, au contraire, l'arrêt de la nutrition qui a pour conséquence l'arrêt de l'accroissement ? Et, dans tous les cas, l'arrêt de la nutrition, l'arrêt de la vie élémentaire manifestée d'un plastide n'est pas forcément la mort élémentaire. La vie latente, le repos chimique peuvent être le résultat de cet arrêt de la nutrition ; il y a là une nouvelle confusion entre la mort élémentaire, phénomène chimique, et la mort générale, phénomène individuel, qui, par définition même, est l'arrêt de la possibilité de nutrition, l'arrêt de la possibilité du renouvellement du milieu intérieur par destruction de la coordination.

(3) Delage. *Op. cit.*, p. 768-770.

ciés, alors que ce sont des qualités de l'agglomération polyplastidaire, de l'individu métazoaire lui-même. Seulement, certains éléments sont condamnés à la mort élémentaire par suite de la mort fatale de l'organisme auquel ils appartiennent, *mais sans avoir jamais perdu jusqu'au dernier moment, les propriétés de la vie élémentaire manifestée dans les conditions très spéciales auxquelles ils sont adaptés.* Ces éléments meurent donc (mort élémentaire), parce que le milieu leur devient nuisible et non parce qu'il sont différenciés, absolument comme cela a lieu pour un protozoaire quelconque, cependant réputé immortel, quand la condition n° 2 se prolonge trop longtemps. Encore ne savons-nous pas si, même pour les éléments les plus différenciés des métazoaires, une greffe ne serait pas possible sur un individu jeune assurant à ces éléments très différenciés la possibilité d'une nouvelle série de conditions n° 1. En résumé, la mort est fatale pour le métazoaire, la mort élémentaire n'est peut-être fatale pour aucun de ses éléments histologiques ou, du moins, si elle l'est, ce n'est que comme conséquence de la mort générale qui arrête le renouvellement du milieu, et l'on peut dire pour employer le langage individualiste cher à tant d'auteurs, que le corps vieilli et encombré de squelette d'un métazoaire est formé d'éléments jeunes et vigoureux, ne demandant qu'à vivre indéfiniment si on leur fournit leur condition n° 1.

J'ai longuement insisté sur ce point, et je me suis souvent répété, mais je ne crois pas inutiles ces longueurs et ces répétitions parce que le plus grand nombre des savants et des philosophes considèrent encore comme une chose importante cette théorie de la mortalité du corps et de l'immortalité du germe

qui provient d'un simple jeu de mots et de l'emploi
irraisonné du même mot *mort* dans deux sens différents, mort générale de l'individu ou destruction de
la coordination, mort élémentaire des éléments histologiques, ou destruction chimique de leurs substances plastiques.

CHAPITRE XXII

THÉORIE DE LA DIPLOGÉNÈSE DE COPE[1]

Après avoir discuté la théorie du plasma germinatif, je vais exposer quelques théories récentes de l'hérédité, théories qu'il serait impossible de comprendre sans connaître celle du plasma germinatif. Je vais d'abord dire quelques mots de la théorie de la diplogénèse due au paléontologiste américain Cope, mort cette année, le plus autorisé des néo-Lamarckiens.

Quoique Weissmann ait démontré que l'isolement et la stabilité sont plus grands pour le plasma germinatif que pour les autres tissus, il n'a pas pour cela démontré que ce plasma germatif est *absolument* inaccessible aux influences extérieures. Il admet que sa continuelle subdivision, lors du développement embryonnaire auquel il donne naissance, l'aurait bientôt réduit à une quantité infiniment petite, n'était qu'il s'accroît par assimilation de matière alimentaire comme les autres tissus, *matière alimentaire qui lui est fournie par le soma*. La *possibilité* d'une influence des excitations extérieures sur le plasma germinatif est donc hors de doute.

Voici maintenant le point de départ de la théorie

(1) E.-D. Cope. *The primary factors of organic evolution.* Chicago, 1896.

de la diplogénèse : « L'effet de la spécialisation des tissus sur leur nutrition et leur réparation après blessure ou cicatrisation est fort bien connue. La nutrition de chaque tissu produit seulement ce même tissu [1]. La réparation ou cicatrisation des parties est restreinte à la reproduction d'un tissu semblable à la partie perdue ou semblable à quelque stage embryonnaire de cette partie. Plus nous descendons dans l'échelle des êtres vivants, plus nous trouvons complète la reproduction d'une partie perdue. La spécialisation des organismes les plus élevés prive les tissus de la capacité de reproduction exacte [2]. « Comme exemple de réduction de cette capacité, je cite la reproduction de la queue des lézards dans laquelle n'apparaissent pas de vertèbres, mais seulement une notochorde, tandis que le système écailleux qui recouvre la nouvelle queue présente également une simplicité plus grande que celle de la queue normale [3]. La possibilité de reproduire l'organisme entier est réservée dans les métazoaires, au plasma germinatif, qui peut en conséquence être regardé comme conservant les caractères du protozoon ancêtre se reproduisant lui-même par division. Mais chez les métaphytes ou plantes pluricellulaires, le pouvoir de reproduction de l'organisme entier par l'une quelconque de ses parties est conservé à un bien plus grand degré que chez les mé-

---

(1) Voyez plus haut (ch. IX) les considérations sur le rôle de la sélection naturelle dans le développement individuel des métazoaires et dans l'établissement de l'assimilation fonctionnelle.

(2) Voyez *Cicatrisation*, ch. XII.

(3) Parce qu'une queue jeune ne peut pas avoir un squelette vieux, même quand cette queue jeune a les dimensions d'une vieille queue. Voyez plus haut, ch. XII.

tazoaires. La reproduction des plantes par boutures, bourgeons, tubercules, et même par de simples feuilles est bien connue, caractère qui est dû à la distribution générale de *protoplasma non spécialisé* dans tout l'organisme [1]. On sait que dans ces cas l'hérédité des caractères est absolument rigoureuse et l'on ne peut admettre un isolement du plasma germinatif. Cet isolement est progressivement plus prononcé à mesure que nous montons l'échelle de la spécialisation de structure ; mais, *qu'il devienne jamais absolu, nous ne pouvons le croire* [2]. Ayant ainsi montré que le plasma des cellules germes est accessible à l'influence des excitations extérieures, voyons comment il est possible que ces excitations lui soient transmises et comment elles peuvent affecter la croissance de l'embryon qui en résultera.

« On sait que des impressions éprouvées par un animal durant une période de son développement peuvent avoir une action ultérieure et déterminer l'apparition d'un nouveau caractère de structure à un âge plus avancé.

« Poulton rapporte les résultats d'expériences faites par plusieurs entomologistes anglais sur les couleurs des lépidoptères. En exposant à différentes lumières colorées, des larves qui étaient sur le point de passer à l'état de pupes, on obtenait des pupes ayant les couleurs correspondantes ; ainsi l'on pro-

---

(1) C'est-à-dire à la présence, dans tout l'organisme, d'éléments cellulaires, capables de trouver, en dehors de l'organisme même, leur condition n° 1.

(2) Il est curieux de remarquer combien les partisans de la théorie du plasma germinatif arrivent à croire effectivement à l'existence de ce plasma « *plus noble* », *de cette partie de la substance des parents qui ne meurt pas avec eux et se perpétue dans leurs enfants !* (V. p. 260.)

duisait à volonté des larves noires, sombres, vertes et jaunes... Dans ce cas, l'effet dynamique produit par l'exposition à la lumière colorée était emmagasiné[1] pendant l'intervalle qui séparait l'exposition de la larve du complet développement de la pupe. Dans une autre expérience, les larves qui étaient au moment de filer leurs cocons, furent amenées à filer des cocons de même couleur que la lumière à laquelle elles avaient été exposées.

« Cette expérience démontre qu'une excitation peut être transmise à une glande au point de donner une nouvelle nature à sa sécrétion. Elle nous apprend en outre, ainsi que la précédente, la possibilité de la transmission d'une certaine énergie, du point d'excitation à une région éloignée du corps et sa transformation en énergie de croissance. Et cela nous prépare à considérer l'hérédité comme un phénomène analogue, c'est-à-dire comme la transmission d'une énergie spéciale, depuis le point d'excitation jusqu'aux cellules reproductrices et l'addition de cette énergie spéciale à l'énergie préexistante de ces cellules (caractères acquis, caractères congénitaux[2]). »

J'ai craint de dénaturer la pensée de l'auteur en résumant la citation précédente ; le reste de son système est plus facile à exposer. Je désigne par S l'ensemble des caractères du soma d'une espèce donnée et par g l'ensemble des caractères existant en puissance (?) dans les cellules germinatives de

(1) Il est à peine besoin de faire remarquer la faiblesse du raisonnement de Cope dans toute cette comparaison. Les cellules glandulaires qui sécrètent les substances devenues colorées, ont été modifiées immédiatement, mais leur modification ne deviendra manifestée pour nous que quand ces glandes sécréteront.

(2) Cope. *Op. cit.*, p. 438.

cette espèce. (Cope suppose, pour simplifier l'exposé de sa théorie, qu'il a affaire à une espèce susceptible de parthénogénèse.) Soit A un nouveau caractère acquis par le soma dans des conditions déterminées et a le retentissement de l'acquisition de ce caractère sur le plasma germinatif. A l'ensemble des caractères $S + A$ du soma correspondra l'ensemble des caractères potentiels (?) $g + a$ dans le germen. Ceci est fort compréhensible ; mais la suite est moins facilement acceptable. Le germen $g + a$ donnera à la génération suivante un soma $S + a$ et un germen $g + a$; les conditions restant les mêmes, le nouveau soma ne tardera pas à acquérir de nouveau le caractère A et alors, naturellement (?) au soma $S + a + A$ correspondra le germen $g + a + a$ ou $g + 2a$; à la troisième génération le germen $g + 2a$ donnera naissance à un soma $S + 2a$ qui acquerra encore le caractère A et ainsi de suite, de telle manière qu'au bout de n générations le soma sera $S + na$. Fort bien, mais quelle relation y aura-t-il entre a et A, et qu'est-ce qui nous prouve que a a le moindre rapport avec A et que na reproduira A quand n sera assez grand ? L'expérience faite sur les larves de papillon a bien donné ce résultat très remarquable que les variations déterminées par l'exposition à une couleur ont précisément reproduit cette couleur ; ce fait est très curieux et tout à fait inexpliqué jusqu'à présent, il ne saurait en aucune manière être considéré comme l'exemple d'un fait général. Un ivrogne S acquiert le caractère A (alcoolisme) ; son plasma germinatif acquiert a et donne naissance à un fils $S + a$; or ce a représente-il un alcoolisme mitigé ? pas le moins du monde ; le fils pourra être idiot ou épilep-

tique et surtout le petit-fils si le fils a acquis lui-
même le caractère A, et la somme na ne reproduira
pas l'alcoolisme. Je prends là un mauvais exemple
puisqu'il est précisément emprunté à un cas où l'hérédité des caractères acquis est en défaut[1], mais je
l'ai choisi à dessein pour montrer que cette théorie
de la diplogénèse ou théorie de l'évolution parallèle
du soma et du germen donne en réalité simplement
une manière de s'exprimer et non une explication
de fait.

Que le germen soit modifié quand le soma l'est,
cela est bien prouvé par tous les cas connus d'hérédité des caractères acquis ; mais *comment* se fait-il
que la modification du germen se traduise dans le
fils par un caractère analogue à celui qui avait été
acquis par le père ? comment se fait-il que l'influence
du soma sur le germen soit *réversible ?* c'est là
toute la question, ainsi que l'a fait remarquer M. Delage[2] et Cope admet le fait sans en donner même
un semblant d'explication.

(1) Comme dans tous les cas où un caractère est acquis par
simple physiogénèse sans qu'intervienne ultérieurement une
modification générale dans la corrélation des éléments de l'organisme tout entier.

(2) Delage. *Op. cit.,* p. 476.

CHAPITRE XXIII

THÉORIE DES CAUSES ACTUELLES DE M. DELAGE [1]

M. Delage a récemment exposé une théorie de
l'hérédité qu'il appelle la *Théorie des causes actuelles*
et dans laquelle, entre autres choses excellentes, il a
fait de très louables efforts pour se garder de l'emploi de mots obscurs, et pour éviter d'attribuer une
influence quelconque sur le développement individuel, à ces forces mystérieuses que l'on a l'habitude d'appeler force atavique, force héréditaire, etc.,
et dont l'hypothèse facilite le langage en mettant
un mot à la place d'une explication. La théorie de
M. Delage est exclusivement chimique et présente
par suite un caractère de précision et de netteté qui
manque à tant de théories sur l'hérédité, mais elle
est malheureusement très incomplète. Une théorie
complète de l'hérédité doit expliquer comment il se
fait que *tous les œufs d'une poule*, placés dans une
étuve aérée à température constante, donnent, au
bout d'un temps déterminé, des poussins qui savent
becqueter, boire, courir, dès l'éclosion; or, je ne
crois pas que M. Delage explique cela; il affirme
seulement, et il a parfaitement raison, que tous les
phénomènes de l'évolution sont dus à des *causes*

(1) Delage. *La structure du protoplasma et l'hérédité et les
grands problèmes de la biologie générale*. Paris, 1895.

actuelles et non à des forces mystérieuses, mais il ne montre pas comment il se fait que ces causes actuelles soient précisément, à chaque instant, déterminées de telle manière que, dans une étuve aérée, à température constante, *tous* les œufs d'une poule deviennent des poussins; il n'explique pas que le poussin soit déterminé dans l'œuf, et, ne l'expliquant pas, il le nie, comme Weissmann a nié l'hérédité des caractères acquis :

« Pour presque tout le monde aujourd'hui, l'œuf est une cellule extraordinairement complexe[1]. Sa simplicité ne serait qu'apparente. Sous l'uniformité d'aspect qui rend semblables les uns aux autres les œufs des espèces différentes, se cacheraient des différences capitales et, en réalité, l'œuf d'une femme et celui d'une chienne[2] différeraient autant que les adultes. L'ontogénèse serait une décomplication progressive proportionnelle aux progrès de la différenciation[3]. Si l'on découpe dans diverses courbes (circonférences, ellipses, paraboles, hyperboles, hélices, spirales, etc.) un segment d'un millième de milli-

(1) C'est en effet, pour les espèces supérieures, une cellule très complexe, mais elle est du même ordre de complexité que *tous* les éléments histologiques de l'être d'où elle provient, et, par rapport à ces éléments, on ne doit donc la considérer que comme une cellule ordinaire.

(2) C'est vrai au point de vue chimique; les différences chimiques spécifiques sont les mêmes entre l'œuf d'une femme et l'œuf d'une chienne, qu'entre les nerfs ou les muscles d'une femme et d'une chienne. Seulement, au point de vue morphologique, nous avons vu que le caractère topographique est plus important que le caractère spécifique, et que deux œufs, deux muscles, deux nerfs, d'espèces différentes se ressemblent plus qu'un œuf et un muscle de même espèce (au point de vue morphologique). (V. ch. xi.)

(3) Il n'y a ni complication ni décomplication, mais adaptation des divers éléments histologiques à des conditions topographiques déterminées.

mètre de longueur, tous ces segments seront identiques même à l'œil armé du meilleur microscope. Ils n'en seront pas moins aussi différents en réalité que les courbes elles-mêmes dont ils proviennent, car ils renferment en eux chacun, l'équation complète de la sienne. Dans les théories en honneur aujourd'hui, ces petits fragments si différents malgré leur uniformité apparente seraient l'image des œufs [1].

« Les œufs engendreraient les adultes par le simple déclenchement de leurs forces évolutives, comme ces fragments de courbe engendreraient des courbes complètes s'ils étaient doués de la faculté de grandir [2].

« Cette assimilation est fausse, car l'œuf ne contient pas en lui toutes ses conditions évolutives comme le fragment de courbe contient l'équation de

---

(1) Cette comparaison me semble pouvoir être retournée précisément contre la théorie de l'auteur. Deux segments d'ellipse ou d'hyperbole assez petits pour pouvoir être confondus avec la tangente, ne sauraient en effet être distingués l'un de l'autre, même avec un très bon microscope (!), mais si ces segments ont une grandeur finie, chacun d'eux ne pourra appartenir qu'à une courbe donnée et suffira à déterminer la courbe. Eh bien ! je considère deux de ces segments, pris aux deux courbes en des points d'égale courbure ; ils se ressembleront beaucoup plus à première vue, que deux segments de courbure différente pris sur la même courbe (caractères topographiques plus saillants que les caractères spécifiques), de même que le muscle du chien ressemble plus au muscle de l'homme qu'à l'œuf du chien. Les divers fragments d'une même courbe, ayant comme caractère commun de déterminer cette courbe, sont parfaitement comparables aux divers éléments histologiques d'un même animal ayant, comme caractère commun, le caractère spécifique. Et même, la comparaison est plus qu'une comparaison, puisque l'évolution d'un individu est une fonction du temps, continue et susceptible d'être représentée par une courbe.

(2) Ou plutôt, si un mouvement dont la loi était déterminée par la nécessité de tracer d'abord le fragment donné, se poursuivait suivant la même loi, traçant ainsi le reste de la courbe.

la courbe entière [1]. Un grand nombre de ses conditions sont extérieures à lui. Il est comme un astre lancé par une force initiale au milieu d'un système d'astres en mouvement. La trajectoire de celui-ci sera influencée et déterminée par tous les astres dont il traversera la sphère d'action, et cependant, si quelque chose eût été changé dans sa masse ou dans son mouvement initial, elle n'eût pas été ce qu'elle est [2]. Elle n'est point dépendante de lui seul, mais en aucun point elle n'est indépendante de lui. Toute autre masse semblable, lancée au même point, avec la même force, dans la même direction, reproduira une trajectoire identique à la sienne ; mais toute différence, même minime dans l'un ou l'autre de ces trois facteurs pourra amener des différences *considérables* [3] dans la forme de cette courbe.

(1) Non, mais, ce qui constitue précisément le phénomène de l'hérédité, c'est que les modifications apportées dans son évolution par les conditions extérieures sont *extrêmement minimes* par rapport aux caractères évolutifs déterminés d'avance dans l'œuf ; tous les œufs d'une poule donnent des poussins.

(2) Cette comparaison est absolument trompeuse ; un astre qui aurait commencé, hors de toute sphère d'action, un mouvement rectiligne, décrirait ensuite, soumis brusquement à l'influence d'autres astres errants une courbe qui n'aurait plus *aucun rapport* avec la ligne droite initiale, tandis que deux œufs de poule couvés dans des conditions différentes donnent deux poussins et non un poussin et un caneton. Pour suivre M. Delage sur le terrain de la mécanique, je dirai, volontiers que, depuis la fécondation jusqu'à la mort, l'influence des conditions extérieures sur l'évolution de l'individu se traduit par de petites perturbations dans la courbe déterminée par l'œuf, mais que ces petites perturbations transforment la courbe en une courbe sinueuse très voisine partout de ce qu'elle eût été sans l'intervention de ces perturbations, un peu comme est l'orbite lunaire par rapport à une ellipse ; jamais ces perturbations ne seraient suffisantes pour transformer par exemple un mouvement elliptique en mouvement hélicoïdal. Nier cela, c'est nier l'hérédité et supprimer la nécessité de l'expliquer.

(3) C'est pour cela que la comparaison est mauvaise ; l'in-

« Il en est de même de l'œuf. Pour nous, il est relativement simple, beaucoup plus semblable, d'une espèce à l'autre, que ne sont les organes de celles-ci[1] ; et il s'en faut de beaucoup qu'il contienne en lui, déterminés à l'avance, tous les éléments de son évolution. *Le plus grand nombre est en dehors de lui*[2] et il les rencontrera ou les *fabriquera*[3] en route ; mais sa constitution physico-chimique est extrêmement précise et la moindre différence sous ce rapport est forcément amplifiée dans des proportions considérables par la différenciation ontogénétique[4]

fluence des conditions extérieures n'empêche pas un œuf de hareng de donner un hareng.

(1) Au point de vue morphologique sans doute, puisque les éléments reproducteurs ont, dans deux êtres différents, des situations topographiques analogues, mais il est difficile d'apprécier si une différence purement chimique comme la différence spécifique des œufs est *plus ou moins grande* qu'une différence morphologique avec laquelle on ne peut la comparer quoique la seconde résulte de la première.

(2) Si cela était vrai, il n'y aurait plus d'hérédité. Prenez cent œufs de harengs et mettez-les en cent endroits différents de la mer, ils donneront tous des harengs, aucun ne donnera de sardine ou de morue, quelles que soient les conditions réalisées.

(3) A la bonne heure ! il les *fabriquera* en effet, et la fabrication de ces conditions sera précisément une conséquence de tous les phénomènes du développement ayant précédé le moment considéré ; elle sera donc déterminée dans l'œuf, sauf légères variations ; c'est le milieu intérieur qu'il faut considérer et non le milieu extérieur dont l'influence est bien moins importante. (V. *Évolution dite cyclique*, ch. VIII.)

(4) Pourquoi ? Si deux œufs sont peu différents comme le suppose M. Delage, ce seront par exemple deux œufs de même espèce, ils donneront deux adultes peu différents ; s'ils sont plus différents, comme des œufs de deux espèces voisines, ils donneront des adultes ayant une ressemblance plus lointaine ; s'ils sont très différents, s'ils appartiennent à deux embranchements du règne animal, ils donneront naissance à des êtres aussi différents qu'un oursin et un homme par exemple. Au point de vue morphologique, l'éducation (Voyez plus haut, ch. XIII, la définition de ce mot dans son sens le plus général) ne peut modifier que très peu l'hérédité, au moins au cours de l'évolution

et peut conduire aux différences considérables qui existent entre les adultes issus des œufs différents.

« Mais, en réduisant les choses à une telle simplicité, ne s'enlève-t-on pas tous les avantages que les auteurs avaient cherchés dans une complication invraisemblable ? S'il n'y a pas, dans le plasma germinatif, de particules distinctes pour représenter chaque partie, chaque caractère de nos ancêtres, comment se fait-il que ces parties ou ces caractères puissent à un moment donné reparaître identiques [1] ? Comment, en un mot, expliquer l'hérédité avec sa variabilité et sa précision aussi décevantes l'une que l'autre ?

« Si cela paraît impossible, c'est simplement parce que tout le monde s'est fait *jusqu'ici* de l'hérédité une idée exagérée et inexacte [2].

« L'hérédité ne semble si difficile à expliquer que parce que l'on met sur son compte une multitude de choses qui ne lui appartiennent pas, et parce qu'on veut trouver dans le plasma germinatif tous les éléments de la détermination des caractères [3],

d'un seul individu (je fais des réserves pour le cas d'une éducation donnée prolongée pendant plusieurs générations). Au point de vue psychologique, il n'en est pas absolument de même et l'éducation peut avoir dans certains cas une influence comparable à celle de l'hérédité, ou même supérieure.

(1) Par suite du retour, sous l'influence de certaines conditions spéciales, à un arrangement quantitatif ayant déjà préexisté chez l'ancêtre en question ; ce retour est fatal, sauf variation qualitative intermédiaire, parce que le nombre d'arrangements quantitatifs d'un nombre fini de substances plastiques est limité.

(2) On a toujours constaté que le fils d'un hareng est un hareng et que l'œuf de poulet donne un poussin à l'éclosion ; voilà ce que doit expliquer une théorie complète de l'hérédité.

(3) Il en contient cependant assez pour que l'œuf de poule donne naissance à un poussin, sous l'influence d'une température donnée.

tandis qu'il n'en contient qu'une faible partie [1]. »

Suit une longue comparaison avec la pluie qui donne naissance aux fleuves ; cette comparaison est mauvaise puisque, tombant dans deux vallées différentes, des pluies formées de même eau donnent naissance à des courants n'ayant entre eux aucun rapport morphologique, tandis que deux œufs de poule donnent deux poussins ; c'est la négation de l'hérédité au profit de l'éducation [2]. L'auteur fait d'ailleurs remarquer qu'il y a des différences :

« L'œuf n'est pas comme l'astre une simple masse pesante, il n'est pas, comme l'eau, réduit à deux espèces d'atomes. Il a une composition physicochimique extraordinairement délicate et précise, à laquelle on ne peut rien changer sans le détruire [3], et à laquelle il faut cependant sans cesse changer quelque chose sous peine de le voir mourir [4], car l'œuf ne peut pas s'arrêter et attendre quand il a commencé à se développer.

« Il ne peut donc évoluer que s'il est soumis à des soins incessants et exactement appropriés. Ces soins lui sont fournis par les conditions ambiantes [5].

(1) Delage. *Op. cit.*, p. 771-772.

(2) *Éducation* étant toujours pris au sens très large d'ensemble des conditions que l'individu a traversées depuis sa naissance jusqu'au moment considéré.

(3) L'œuf peut varier à la condition n° 2 et ne pas se détruire malgré une variation quantitative, si la condition n° 2 n'est pas trop prolongée.

(4) Toujours l'erreur individualiste ; l'assimilation ne change rien aux substances plastiques de l'œuf ; il n'y a de changement que dans la proportion des substances de réserve et des substances accessoires à l'assimilation ; quant à la variation à la condition n° 2, elle n'est pas indispensable à la conservation de l'œuf.

(5) Par exemple, dans le cas du poulet, ces conditions se réduisent à la réalisation d'une température déterminée et à un

« Il est donc pris entre ces deux alternatives : rencontrer à chaque instant les conditions qui lui sont précisément nécessaires à ce moment, ou mourir [1].

« C'est là toute l'explication de l'hérédité [2].

« Car ces conditions sont précisément celles qu'a rencontrées l'œuf du parent à chaque stade correspondant [3].

« Il est donc inévitable qu'il suive la même évolution que l'œuf du parent, *puisqu'il a la même constitution physico-chimique que lui* [4] et ren-

apport suffisant d'oxygène ; il serait vraiment curieux que des conditions aussi simples suffisent à diriger l'évolution d'un individu dans le sens *poulet* plutôt que dans le sens canard ou dans le sens moineau, car les conditions convenables pour le poulet le sont également pour le moineau ou le canard.

(1) Ceci est absolument certain, mais les conditions ambiantes étant les mêmes pour des milliers d'évolutions différentes, on ne peut leur attribuer une influence directrice suffisante pour déterminer l'apparition des caractères spécifiques, si ces caractères n'étaient pas *déterminés dans l'œuf*.

(2) Pas le moins du monde ; il n'y est même pas question d'hérédité, mais d'évolution individuelle ; j'ai fait remarquer plus haut que le vrai problème de l'hérédité, est de comprendre comment l'œuf fils est identique à l'œuf père, car une fois cela admis, il est tout naturel que l'évolution individuelle des deux œufs, dans des conditions semblables conduise au même résultat.

(3) Température donnée et oxygène, voilà tout ce qu'il faut pour un œuf de poulet, mais aussi pour un œuf de canard ou de moineau.

(4) Mais l'auteur affirme précisément ici l'hérédité dont il s'agit d'expliquer l'existence ; l'hérédité est justement le phénomène grâce auquel l'œuf fils a la même constitution physico-chimique que l'œuf père ; cela admis le reste n'est plus qu'une affaire d'évolution individuelle, et il est tout naturel que deux œufs identiques, dans des conditions identiques, donnent des développements identiques. Ce qu'il faut expliquer, c'est précisément que les deux œufs soient identiques et M. Delage l'admet au lieu de le démontrer. La question de l'hérédité est toujours compliquée par une confusion regrettable avec celle de l'évolution individuelle.

contre, dans le même ordre, une série de conditions identiques rigoureusement déterminées [1]. Il n'est donc pas nécessaire qu'il contienne en lui tous les facteurs de son évolution [2]. Il suffit qu'il contienne *un* des nombreux facteurs indispensables à la reproduction identique de tous les phénomènes évolutifs ; les autres facteurs, non moins indispensables, sont situés en dehors de lui, mais il est sûr de les rencontrer à point et à temps, sans quoi il meurt et l'évolution n'est pas déviée mais arrêtée [3].

« A l'être inorganique, l'astre ou le fleuve, s'offrent à chaque instant mille voies divergentes, qui toutes le conduisent à un but normal pour lui : aussi son évolution n'a-t-elle rien de précis [4]. Devant l'être organisé s'offrent aussi à chaque instant mille voies

(1) Mais ces conditions identiques (en dehors de l'apport d'oxygène et de chaleur nécessaire au développement des poussins) sont précisément déterminées dans l'œuf, et dire que l'évolution individuelle n'est pas déterminée dans l'œuf parce qu'elle dépend à chaque instant des conditions réalisées autour de l'embryon, c'est faire un simple jeu de mots si ces conditions, sauf l'apport banal des éléments ambiants communs à des milliers d'évolutions différentes, sont elles-mêmes déterminées dans l'œuf. (V. ch. viii, l'*Histoire des plastides à évolution dite cyclique*.)

(2) L'œuf de poulet les contient *tous* sauf la température et l'oxygène nécessaires, et une théorie de l'hérédité doit expliquer cela, puisque la température et l'oxygène sont également nécessaires aux moineaux et aux canards.

(3) Mais *tous* les œufs d'une poule viennent à bien, quand la température et l'oxygénation sont suffisantes ; il serait bien étonnant que ces deux conditions banales suffisent à conduire l'œuf à un but aussi compliqué que le poussin, si l'évolution n'était pas déterminée en lui, sauf les conditions, communes à tant d'espèces, de température et d'oxygénation.

(4) Cela tient justement à ce que l'évolution de ces matières brutes, au moins en tant qu'elle est purement physique et non chimique, dépend *uniquement* des conditions extérieures ; mais l'évolution des êtres vivants est un phénomène *chimique* qui n'est pas comparable au mouvement d'un astre ou à la chute de la pluie.

divergentes, mais toutes le conduisent à une destruction certaine sauf une, celle qui le mène au but
qu'ont atteint ses parents [1].

« Est-il donc nécessaire d'admettre qu'il connaît sa
route et de s'émerveiller que, lorsqu'il a réussi à
suivre une voie jusqu'au bout, cette voie l'ait conduit
au même but qu'ont atteint ses parents [2] avant
lui [3]. »

M. Delage explique ensuite qu'il faut regarder
l'œuf comme un type moyen, ayant un peu de tous
les caractères des éléments histologiques, considération à laquelle nous avons été conduits précisément plus haut par la variation quantitative [4]. Puis
il exécute une charge contre l'expression « *caractères
latents* » dont certains auteurs ont en effet étrange-
ment abusé substituant un mot à une explication,
mais il se laisse entraîner trop loin en niant la pos-

---

(1) Mais cette voie unique est précisément déterminée dans
l'œuf. Une comparaison immédiate s'offre à nous dans l'histoire
des plastides isolés, qui ne sont pas des œufs; voici dix espèces
de plastides qui sont à la condition n° 1 dans un même milieu;
il est certain que la condition n° 2 est bien plus facilement
réalisée que la condition n° 1 et qu'elle mène à la destruction,
mais enfin, il est certain aussi que dix espèces de plastides peuvent être à la condition n° 1 dans un *même* milieu. Et cependant
l'un deux produit ces amibes, l'autre des gromies, l'autre des
saccharomyces. Il faut donc admettre que le chemin chimique
qu'il suit est déterminé en lui et non par les conditions banales
extérieures qui peuvent être communes à dix espèces différentes.
C'est la même chose pour le développement des œufs, seulement
l'agglomération qui résulte de la soudure des divers plastides
engendrés, accuse des différences morphologiques plus grandes
que celles qui existent entre les plastides eux-mêmes (évolution
individuelle).

(2) Il n'est pas nécessaire d'admettre qu'il connaît sa route,
mais il faut admettre qu'il a une constitution chimique identique
à celle de l'œuf d'où est né son père, et c'est précisément ce que
l'hérédité doit expliquer.

(3) Delage. *Op. cit.*, p. 777.

(4) V. ch. III.

sibilité de tels caractères : « Les caractères dits *latents* sont, dit-il, des caractères absents [1]. » J'ai établi plus haut [2] que des caractères chimiques nouveaux peuvent être acquis par des plastides sans que la forme d'équilibre correspondant à ces caractères chimiques soit adoptée par les plastides en question, fixés à l'avance, grâce à un squelette rigide, dans une forme différente ; ce sont donc des caractères chimiquement acquis mais morphologiquement latents ; ils sont transmissibles morphologiquement.

C'est à un tout autre groupe de caractères latents que M. Delage veut nous amener : « L'œuf ne contient rien autre chose que la constitution physico-chimique spéciale qui lui confère ses propriétés personnelles en tant que cellule [3]. Il est évident que cette constitution est la condition des caractères futurs, mais cette condition est, dans l'œuf, extrêmement incomplète et c'est fausser les choses que de dire qu'elle y est complète mais latente [4]. Ce qui

(1) Delage. *Op. cit.*, p. 781.

(2) V. p. 197.

(3) Sans doute, mais les propriétés personnelles de l'œuf de poulet suffisent à déterminer son évolution en un poussin dans des conditions données de température et d'oxygénation.

(4) Il y a un jeu de mots ici : Plus haut, p. 780, M. Delage disait : « Pourquoi cet enfant a-t-il le nez aplati de son grand-père, tandis que son père a le nez aquilin ? C'est, dit-on, parce que la forme aplatie était latente chez le père. » Cela est certainement absurde et l'auteur a raison de se moquer, mais il devrait remarquer que, dans cet exemple, il est question d'un caractère *qui ne se manifeste pas dans les conditions où, s'il existait réellement, il devrait se manifester*. Tout autre est la question quand il s'agit d'un caractère qui ne pourrait se manifester à nous que par une réaction donnée et qui ne se manifeste pas parce que nous ne lui fournissons pas les conditions dans lesquelles aurait lieu la réaction nécessaire à sa manifestation : « Un caractère latent dit M. Delage (p. 781), c'est celui du sulfate de potasse dans l'acide sulfurique avant qu'on y ait mis la potasse. » L'auteur a-t-il la prétention de dire par là que

manque pour la compléter n'est pas dans l'œuf et en. état d'inhibition, mais hors de l'œuf et pourra aussi bien ne pas se produire au moment voulu [1]. »

Pourtant M. Delage ne niera certainement pas que *tous* les œufs de poulets (j'entends naturellement les œufs qui méritent ce nom, les œufs sains) qui seront soumis assez longtemps à une aération convenable dans une enceinte à température convenable, donneront naissance à des poussins et non à des canetons. Ce résultat, nous pouvons le prévoir, nous pouvons l'affirmer à l'avance ; ce qui revient à dire, à mon avis, que l'évolution jusqu'au stade poussin est *déterminée dans l'œuf*, sans qu'il soit nécessaire pour cela de faire de jeu de mots sur les caractères latents.

Dans les pages précédentes, j'ai passé en revue les passages de la théorie des causes actuelles, qui me semblent sujets à critique, mais je dois relever dans la suite du livre de M. Delage des considérations qui corrigent, en partie du moins, les raisonnements incomplets que je viens de signaler.

« Les plasmas germinatifs des espèces très voi-

la fonction sulfate n'existe pas dans l'acide sulfurique ? Nous savons pourtant bien prévoir, quand nous y introduisons la potasse (expérience dangereuse), que ce sera un sulfate et non un chlorure qui résultera de l'opération. J'ai essayé de montrer ailleurs (*Théorie nouvelle de la vie*) que l'expression latente est inutile dans ce cas ; *vie élémentaire*, par exemple, indique une propriété chimique ; *vie élémentaire manifestée* indique la réaction qui manifeste cette propriété chimique ; il est inutile de dire *vie élémentaire latente* au lieu de *vie élémentaire* lorsque cette manifestation n'a pas lieu. De même on ne dira pas que l'acide sulfurique, l'alcool, etc., ont la fonction sulfate, la fonction alcool, *latentes* ; de même, l'œuf a des propriétés spécifiques qui se manifestent par son développement ; il est inutile de dire que ces propriétés sont *latentes* avant que le développement ait eu lieu.

(1) Delage. *Op. cit.*, p. 781.

sines sont extrêmement semblables : il y a néanmoins entre eux une très légère différence [1] dans
leur constitution physico-chimique, *portant sur
l'ensemble* et non sur des parties distinctes spécialement affectées à ces caractères. Cette différence se
reproduit de cellule en cellule dans toute l'ontogénèse [2], affectant nécessairement toutes les parties.
Mais beaucoup sont si peu touchées que leur variation ne s'aperçoit point, tandis qu'en certains points
se localisent, grâce à la division hétérogène [3], des
différences sensibles. Il en est absolument de même
pour les différences individuelles [4]. Elles n'ont de
spécial que le fait de n'appartenir qu'à un individu
au lieu d'être communes à tous ceux d'une race. Du
fait que le voisin en est privé ne résulte pas qu'elles
doivent être exprimées dans l'individu qui les porte,
d'une autre manière que si le voisin les avait
aussi [5]. »

Un peu plus loin, et tout en continuant à nier
que la formation du poussin soit déterminée dans
l'œuf, l'auteur donne une explication de l'ontogénèse,
de laquelle ressort précisément cette détermination
de la manière la plus évidente.

«... Prenons l'œuf après la fécondation et suivons-
le dans son développement. Il se divise en deux et
nous supposerons que cette première segmentation

---

(1) Voyez plus haut, p. 62, la définition de l'espèce des plastides.

(2) Voyez la Variation quantitative dans la différenciation histologique, p. 81.

(3) Il est inutile que les divisions soient hétérogènes pour
qu'il y ait différenciation cellulaire,

(4) Voyez plus haut, p. 173, l'hérédité des caractères de race
et des caractères individuels.

(5) Delage. *Op. cit.*, p. 786.

soit homogène. A l'œuf se sont substituées deux cellules identiques chacune à lui. Mais, du seul fait qu'elles sont deux au lieu d'une, résulte une différence capitale, car ces deux cellules s'attirent, s'aplatissent quelque peu l'une contre l'autre, se compriment d'*un certain côté*[1]. Cela crée en elles des conditions nouvelles et, bien qu'elles aient, par hypothèse, reçu une constitution physico-chimique identique à celle de l'œuf, leurs propriétés ne sont plus les mêmes. La preuve évidente en est fournie par ce fait qu'elles vont se diviser *autrement* que n'a fait l'œuf. On ne voit jamais, en effet, l'œuf se diviser par deux premiers plans parallèles, ce qui arriverait nécessairement si elles étaient restées identiques à l'œuf comme elles l'étaient au moment de leur formation. La déviation du second plan à 90° de la position du premier peut donc être attribuée au simple fait que les premiers blastomères sont deux au lieu d'être un comme l'œuf.

« Cela peut avoir une influence capitale sur la suite du développement, et cependant, je pense que les partisans des particules représentatives n'iraient pas jusqu'à dire qu'il y a un Pangène spécial pour représenter le caractère d'être deux au second stade[2]. Il n'y a rien qui représente cela sous aucune forme spéciale dans le plasma germinatif.

« C'est donc bien un *facteur nouveau* qui a *pris naissance* au cours du développement[3]. »

(1) Voyez *Théorie nouvelle de la vie, Op. cit.*

(2) Non, mais les partisans de la théorie chimique de la vie diront qu'il y a dans l'œuf un caractère spécial auquel correspond, à l'état de vie élémentaire manifestée, la production d'une substance accessoire (R) agglutinante grâce à laquelle les deux premiers blastomères restent soudés.

(3) Delage. *Op. cit.*, p. 791.

Sans doute, mais il est de toute évidence que l'apparition de ce facteur à ce moment était déterminée dans l'œuf, et dire que l'évolution n'est pas déterminée dans l'œuf parce qu'elle est dirigée par des facteurs qui apparaissent dans un ordre précis au cours du développement, c'est bien un simple jeu de mots s'il est démontré que l'apparition successive de ces divers facteurs est déterminée dans l'œuf. Mais ce jeu de mots devient grave si l'on s'en sert comme point de départ d'un raisonnement tendant à prouver que l'hérédité est un problème beaucoup plus simple qu'on ne le croit et à établir ensuite une théorie incomplète du phénomène dont on a nié une partie importante. Je le répète, une théorie complète de l'hérédité doit expliquer pourquoi TOUS les œufs de poule donnent des poussins quand ils ont été soumis assez longtemps à une aération convenable dans une étuve à température constante.

L'HÉRÉDITÉ DES CARACTÈRES ACQUIS DANS LA THÉORIE DES CAUSES ACTUELLES. — M. Delage trouve un premier élément de variation (p. 797) dans le fait que l'œuf fils descend de l'œuf père « par l'intermédiaire de cellules très peu, mais toujours quelque peu différenciées [1]; il comprend donc dans sa lignée ascen-

---

(1) Il faut s'entendre sur le mot *différenciés;* lorsqu'on se place au point de vue morphologique, la différenciation, et c'est peut-être le cas ici, peut tenir à une variation apparente ; nous avons vu que la variation de l'œuf portait sur des rapports de proportionnalité autres que ceux dont la modification entraîne la différenciation histologique, et d'ailleurs, l'œuf fils, avec ses caractères acquis, ne diffère pas morphologiquement de l'œuf père ; qu'il ait son origine dans des cellules dont quelques-unes ont pris une forme épithéliale, cela n'entraîne pas la nécessité d'une variation vraie, la forme épithéliale étant une consé-

dante, en outre des homogènes, au moins quelques divisions un peu hétérogènes. Il y a donc toutes chances pour qu'en revenant à la constitution de l'œuf qui lui a donné naissance, il ne l'atteigne pas tout à fait exactement [1]. » C'est surtout dans la lignée ascendante de l'œuf qu'il est extrêmement difficile d'admettre des divisions hétérogènes, mais M. Delage ne connaît pas d'autre élément de variation quantitative et n'a pas envisagé les modifications qui résultent de l'alternative de la condition n° 1 avec les conditions n° 2.

L'auteur voit un second élément de variation dans la division, cette fois certainement hétérogène, qui détermine la maturation de l'œuf (expulsion des globules polaires) ; cela est indéniable, mais est probablement bien peu en rapport avec l'hérédité des caractères acquis et semble plutôt devoir expliquer les variations dites spontanées ou fortuites.

Enfin, il y en a un dernier dans la fécondation, mais l'ovule et le spermatozoïde sont déjà doués, au moment de la fécondation, de tous leurs caractères acquis, et la variation due à la fécondation ne saurait expliquer ces caractères ; elle explique seulement l'apparition de caractères quantitatifs intermédiaires à ceux des deux parents ou voisins de ceux de l'un ou de l'autre.

C'est donc seulement dans la lignée ascendante des éléments sexuels qu'il faut chercher la variation

quence mécanique de la disposition en surface de nombreux éléments juxtaposés. Il est donc fort possible que les variations morphologiques qui prennent naissance dans la lignée de l'œuf fils soient dues à des variations apparentes et n'aient aucun rapport avec la variation vraie dont cette lignée de cellules a été le siège.

(1) Delage. *Op. cit.*, p. 797.

entraînant l'hérédité des caractères acquis comme je l'ai montré plus haut [1]. Nous avons vu comment se produit cette variation réversible; voyons comment M. Delage l'interprète dans la théorie des causes actuelles.

Il commence par nier la possibilité de l'hérédité des mutilations, sauf dans des cas exceptionnels : « L'effet direct est évidemment nul puisqu'il n'y a aucune relation entre les membres et les cellules sexuelles... ; le sang n'est point modifié, puisque ce membre ne lui empruntait ou ne lui fournissait aucun produit que les tissus similaires des autres parties du corps ne continuent à lui emprunter ou à lui fournir [2]. » M. Delage ne tient donc aucun compte des variations quantitatives auxquelles nous avons été amenés à accorder une si grande importance; il admet qu'une mutilation peut se produire sans retentir sur toute l'économie, ce qui est la négation du principe de la corrélation [3]. Qu'il ne considère comme ayant un rôle effectif que les variations qualitatives, cela ressort immédiatement du passage suivant :

« Si, au lieu d'un membre, on ampute tout un viscère dont l'organisme puisse à la rigueur se passer (la rate, le corps thyroïde, le thymus, etc.), ou une partie importante de quelque viscère essentiel (foie, rein, pancréas), le cas devient tout autre. Ces organes empruntent au sang des matériaux spécifiques et déversent dans sa masse des excreta spécifiques aussi, dont la suppression ou la diminution peut avoir une grande influence sur l'économie.

(1) V. ch. xiii.
(2) Delage. *Op. cit.*, p. 799.
(3) V. ch. v.

Ce que l'on appelle la *sécrétion interne* n'est rien autre chose que cela et l'on sait quelle énorme influence elle a sur tous les tissus[1]. »

Voici une chose surprenante ; il y a des éléments histologiques qui ont une sécrétion interne spécifique (substance R) comme le foie, le pancréas, et les viscères essentiels (! !), mais les autres, muscles, nerfs, etc., *n'en ont pas!* Si M. Delage s'en tenait à la suppression *totale* d'un élément histologique déterminé, on pourrait admettre à la rigueur qu'aucune mutilation, n'entraînant pas l'ablation totale du système musculaire par exemple, ne peut influencer les éléments sexuels. Mais puisque cela est possible quand il y a ablation *d'une partie* du foie, cela doit l'être aussi quand il y a amputation d'un membre et nous avons vu en effet[2] que E.-D. Cope rapporte des cas indéniables d'hérédité d'une mutilation.

Cette hérédité n'est pas obligatoire, d'abord parce que la mutilation n'a lieu qu'une fois (Cope) et ensuite parce qu'elle n'intéresse qu'un sexe en général ; mais il n'en est pas moins vrai qu'elle est possible et je crois avoir expliqué comment[3].

M. Delage admet d'ailleurs qu'il n'y a aucune raison pour qu'une modification résultant, dans les éléments sexuels, de l'ablation d'une partie du foie, non plus que, si elle existe (!) la modification résultant de *l'atrophie d'un organe par désuétude ou de son hypertrophie par l'usage*[4], soit réversible. Nous avons vu qu'il en est autrement[5].

(1) Delage. *Op. cit.*, p. 799.
(2) V. ch. xx.
(3) V. ch. xvi.
(4) V. la *Cinétogenèse* de Cope, ch. xix.
(5) V. ch. xvi.

Je ne passe pas en revue les autres causes de variation somatique qu'étudie l'auteur de la théorie des causes actuelles ; qu'il me suffise de citer la conclusion de son étude : « En résumé, nous voyons que la plupart des variations somatiques ont une influence héréditaire directe, que toutes en ont au moins une indirecte, mais que la variation héritée *n'a pas de ressemblance avec la variation causale.* Toute variation somatique en produit une autre spécifique, adéquate, déterminée, en ce sens que, si elle eût été un peu différente, elle eût produit un effet différent et que, toutes les fois qu'elle reparaît identique ; elle reproduit la variation identique mais elle n'est pas *réversible*, c'est-à-dire que la variation héritée ne ressemble pas à la variation causale[1]. »

C'est la négation de l'hérédité des caractères acquis dans presque tous les cas et en particulier dans celui, si important, de l'acquisition d'un nouveau caractère par cinétogénèse[2]. Il y a cependant des cas où M. Delage considère comme possible l'hérédité des caractères acquis, et il va maintenant expliquer comment cette hérédité est possible.

L'auteur commence par nier catégoriquement une seconde fois la possibilité de l'hérédité des mutilations qui ne peuvent entraîner que des changements quantitatifs : « De plus, si la modification avait lieu, elle porterait sur l'ensemble des tissus de même espèce que ceux qui constituaient l'organe amputé. La répétition de la mutilation ne saurait rien changer à ce résultat. Cela est d'ailleurs entièrement con-

----

(1) Delage. *Op. cit.*, p. 803.

(2) V. la théorie de Cope et des néo-lamarckiens, ch. xix.

forme aux données de l'observation[1]. » Oui, si l'on refuse, de parti pris, d'admettre les faits, scientifiquement constatés, de transmission héréditaire d'une mutilation. L'exemple suivant rapporté par Cope[2] est bien frappant comme précision : « Un coq de combat perdit un œil ; peu après et pendant que la blessure était encore en fort mauvais état, il fut transporté dans un autre lot de poules de sa race qui, fécondées par d'autres coqs, avaient eu des poussins normaux ; il leur donna des petits dont un grand nombre avaient un œil défectueux. » Le cas rapporté par Hyatt de l'hérédité du sillon de la coque des céphalopodes est encore plus probant et peut être considéré comme un cas d'hérédité de *mutilation*, puisque c'est une cause mécanique qui détermine la formation de ce sillon.

M. Delage nie ces faits, comme Weissmann, parce que sa théorie ne les explique pas. Il admet seulement, nous l'avons vu, que : « lorsque l'organe amputé renferme la totalité d'une espèce donnée de tissu, comme le foie, la rate, le rein et, en général, les glandes uniques ou doubles, il n'en est plus de même. Le sang subit une modification qualitative[3] qui retentit sur la constitution de l'œuf.

« Que va-t-il se passer dans ce cas?

« Si la suppression a pour effet de diminuer dans le sang la proportion de l'excitant spécifique[4] de la

---

(1) Delage. *Op. cit.*, p. 808.

(2) Cope. *Op. cit.*, p. 431 ; v. plus haut p. xx.

(3) Le sang, comme les autres tissus qui baignent dans le milieu intérieur, par suite de la corrélation, comme nous l'avons vu plus haut, chapitre x ; mais cette variation sera quantitative et non pas qualitative.

(4) Le mot *spécifique* est mauvais quand on l'applique à des tissus (v. p. xi) et entraîne à cette erreur de croire qu'il y a

glande, la substance correspondante de l'œuf, s'il se trouve qu'elle y existe, sera moins excitée[1], elle subira une déchéance et, à la génération suivante, la glande sera moins développée. Il y aura hérédité, plus ou moins complète, de la lésion acquise. Dans le cas inverse, c'est l'inverse qui devra se produire[2]. »

Il y a dans tout le passage précédent, une vue incomplète des faits, puisque l'auteur a été amené à attribuer à certains éléments (du foie, du pancréas, etc.) une sécrétion interne spéciale (substances R) qu'il refuse, je ne sais pourquoi, aux muscles et aux nerfs. De plus, il restreint la corrélation générale à l'action d'une substance chimique déterminée, qui varierait quantitativement ou disparaîtrait après l'ablation d'un organe, et il oublie que dans cette corrélation générale interviennent, non seulement tous les produits de l'activité de tous les tissus, mais encore la distribution topographique de tous leurs éléments à chaque moment considéré[3]. C'est pour cela qu'il ne se rend pas compte de la possibilité de l'hérédité d'une mutilation portant sur un membre quelconque. En réalité, cette négation n'aurait que peu d'importance au point de vue du problème de la formation des espèces, car il est bien peu probable que les mutilations y aient joué un

variation qualitative quand il y a seulement variation quantitative.

(1) Toute cette explication est une conséquence de la théorie de l'*Excitation fonctionnelle* de W. Roux, théorie que M. Delage a adoptée tout entière. J'ai essayé de montrer (*Théorie nouvelle de la vie*, l. IV) que cette théorie est basée sur des mots et sur des mots mal définis.

(2) Delage. *Op. cit.*, p. 808.

(3) Voyez plus haut, ch. x.

grand rôle ; il n'en est pas de même pour les effets de l'usage et de la désuétude : « Nous avons vu que les *effets de la désuétude* se laissent ramener à ceux des mutilations et que ceux de l'usage excessif sont précisément l'inverse des premiers. Leur condition est donc la même en face de la transmission héréditaire.

« Cependant, il y a ici une particularité sur laquelle je désire appeler l'attention.

« Nous avons vu que la suppression opératoire d'un muscle, par exemple, ne peut être héréditaire parce que ses effets ne peuvent porter que sur la substance musculogène de l'œuf[1] et retentir, à la génération suivante, que sur l'ensemble du système musculaire et non sur le muscle homologue seulement. Mais, dans quelques cas, cela peut-être pourrait suffire.

« Si, par l'effet de l'atrophie d'un groupe de muscles consécutive au défaut d'usage, tout le système musculaire est ainsi atteint d'une légère déchéance[2], à la génération suivante, l'excitation fonctionnelle, agissant plus fortement sur les autres muscles en raison de leur légère insuffisance originelle, les développera davantage et les maintiendra au niveau pri-

---

(1) Pourquoi seulement sur cette substance ? M. Delage restreint encore ici la signification de la corrélation générale ; l'ablation des muscles peut avoir un retentissement sur la distribution quantitative de toutes les substances plastiques, dans tous les éléments de tous les tissus. Il semble que dans l'opinion de l'auteur de la théorie des causes actuelles, l'effet produit sur l'élément reproducteur serait le même, que le muscle amputé soit au bras ou à la jambe, pourvu qu'il y eût ablation de la même quantité de substance musculaire ; il néglige toujours la situation *topographique* des éléments.

(2) Pourquoi le serait-il ? Le balancement organique exige le contraire, ce me semble.

mitif[1], tandis que le muscle inutile, parti de plus
bas et ne se relevant pas, continuera à déchoir.

« Certes, il n'y aurait pas là une explication suffisante de l'hérédité des caractères dus à l'usage et à
la désuétude si cette hérédité était réelle et constante.

« D'une part, elle ne permettrait pas de comprendre qu'un muscle pût s'hypertrophier par l'usage
en même temps qu'un autre s'atrophie[2]. D'autre
part, quand l'organe atrophié est d'un très petit
volume par rapport à la masse des tissus similaires,
la modification consécutive à son atrophie est trop
faible pour exercer une influence suffisante[3].

« Mais tout n'est pas héréditaire en fait de caractères acquis par l'exercice, et toute la question est de
savoir si cette hérédité limitée suffirait à expliquer
les faits[4]. »

Je ne suivrai pas M. Delage dans son explication
de la formation des espèces, ce volume étant entièrement consacré à l'étude de l'hérédité, mais je me
permettrai de lui demander comment, en niant ainsi
l'hérédité *absolue* des caractères acquis par l'usage
ou la désuétude, il explique que les articulations
soient si admirablement finies chez un poussin qui
va éclore, et que toute cette coordination merveilleuse soit réalisée chez un être qui n'a encore

____

(1) Mais comment expliquer alors l'hérédité de ces caractères
avant l'éclosion, avant le fonctionnement ?

(2) Or, cela est constant et se trouve même chez les poussins
sortant de l'œuf qui sont *adaptés* à toutes les fonctions que
leurs ancêtres ont exécutées et qui ont *produit* l'espèce actuelle
poulet. Mais M. Delage ne tient pas compte de l'importance des
caractères topographiques.

(3) La disparition d'*une seule cellule* retentit sur la corrélation
générale. (Voyez plus haut, ch. XII.)

(4) Delage. *Op. cit.*, p. 810.

eu à se servir d'aucun de ses organes. C'est là le critérium de toute théorie de l'hérédité.

Je continue la discusion de l'hérédité des caractères acquis dans la théorie des causes actuelles :

« Pour les maladies, dit M. Delage, notre théorie explique l'hérédité de tout ce qui dépend des atteintes portées à la constitution du protoplasma cellulaire, pendant un temps suffisant. Or, c'est précisément cela qui est héréditaire en dehors des transmissions directes de microbes ou de toxines, qui sont hors de la question. Ainsi, dans la variole, on observe deux choses : d'une part un cortège de symptômes divers, une éruption de pustules, de cicatrices ; d'autre part une immunité plus ou moins durable. Les premières ne sont pas héréditaires et cela se conçoit [1], car elles sont fugaces ou sans influence sur les cellules profondes ; la dernière est l'effet durable des substances immunisantes, agissant sur l'organisme pendant un temps suffisant pour les influencer ; elle peut donc avoir un effet semblable sur les substances identiques de l'œuf ; et celles-ci, en se développant dans les cellules de l'organisme futur, leur conféreront la même immunité pour le même temps [2]. »

Ici encore, comme dans tous les cas précédents, l'auteur de la théorie des causes actuelles nous donne une vue incomplète des choses parce qu'il restreint la signification de la corrélation générale. J'ai montré plus haut [3] comment cette corrélation permet d'expliquer l'immunité dans le cas le plus

---

(1) Il n'est pas le moins du monde impossible qu'elles soient héréditaires, comme toute mutilation peut l'être, mais ne l'est pas toujours.

(2) Delage. *Op. cit.*, p. 811.

(3) V. p. 53, en note.

général : M. Delage veut voir dans le phénomène
de la vaccination l'influence directe d'une substance
vaccinante sur tous les éléments du corps, quelque
chose dans le genre de ce que Cope a appelé la
physiogénèse [1] ; il admet que cette substance agit
sur les œufs comme sur les autres éléments et que
par conséquent elle est héréditaire. D'abord, les faits
sont là qui infirment le plus souvent cette manière
de voir [2]. Ensuite, il me semble que dans tous les
cas de *physiogénèse*, c'est-à-dire, d'action *directe*
d'un élément chimique sur tous les éléments du
corps considérés comme indépendants les uns des
autres, la variation obtenue *n'est pas héréditaire*,
la modification des œufs *n'est pas réversible*. Un
exemple immédiat de cette manière de voir est l'alcoolisme. L'alcool attaque tous les éléments du
corps, y compris les éléments reproducteurs et
cependant, les fils d'alcooliques sont fous ou épi-
leptiques, mais jamais alcooliques. Il n'y a à pouvoir
retentir sur les éléments génitaux de manière à
donner une modification *réversible*, que les variations qui sont répercutées sur tous les éléments
histologiques par suite de la nécessité d'une corrélation nouvelle en rapport avec une coordination
nouvelle guidée par les circonstances extérieures.

Je ferai la même remarque, au sujet du dernier cas
étudié par M. Delage, des caractères acquis par les

----

(1) V. plus haut, ch. XIX.

(2) Je ne veux pas nier du tout la possibilité de la transmission héréditaire de l'immunité ; j'ai même essayé d'expliquer
ailleurs comment l'immunité pouvait devenir *spécifique* par
sélection naturelle (*Bactéridie charbonneuse*, p. 157); mais si l'on
admet la manière de voir de M. Delage, cette transmission doit
avoir lieu *toujours* quand les parents sont réfractaires au
moment de l'accouplement, ce qui n'est pas vrai.

conditions de vie : « Ici, comme dans les cas précédents, il n'y a pas transmission de l'influence somatique, mais action directe et similaire à la fois sur
le germen et sur le soma [1]. » C'est bien la négation
du rôle de la corrélation et, je le répète, dans tous
les cas de physiogénèse, la variation qui atteint les
éléments sexuels *n'est pas réversible*, comme le
prouve si bien le cas de l'hérédité alcoolique. Aussi
resté-je fort étonné de trouver, au paragraphe suivant l'affirmation que « en résumé, toute modification somatique se traduit par une modification du
germen *corrélative* et rigoureusement déterminée [2]. »
Il faut que j'attribue au mot *corrélatif* une signification tout autre que celle que lui prête l'auteur de la
théorie des causes actuelles, car je voyais dans toutes
les pages précédentes de son ouvrage la négation
même de toute influence de la corrélation générale
sur les éléments reproducteurs.

Je me suis étendu longuement sur cette théorie de
M. Delage, d'abord parce que cela me permettait de
mettre en évidence le rôle très important que j'attribue à la corrélation et à la coordination, et aussi
parce que la théorie des causes actuelles se distingue
des autres théories sur l'hérédité par un effort très
considérable dans la voie de l'explication chimique
des phénomènes vitaux, sans l'intervention des
causes mystérieuses et métaphysiques.

(1) Delage. *Op. cit.*, p. 812.
(2) Id., *id.*

CHAPITRE XXIV

TÉLÉGONIE OU INFLUENCE DU PREMIER MALE

« C'est une croyance assez répandue chez les éleveurs que le premier accouplement[1] peut exercer une influence sur les suivants, en ce sens que les produits de ceux-ci auraient quelque chose du premier père... Spencer rapporte que, d'après le professeur Flint, on aurait observé en Amérique qu'une femme blanche, fécondée par un nègre, peut avoir ensuite, de son mariage avec un blanc, des enfants présentant quelques-unes des particularités, impossibles à méconnaître, de la race nègre.

« ... Darwin rapporte aussi le cas authentique d'une truie de M. Giles, qui, saillie par des verrats de sa race, a toujours donné des petits noirs et blancs comme elle et comme toute sa race, avec une constance parfaite. Elle fut saillie un jour par un sanglier et donna des métis. Livrée ensuite derechef à un verrat de sa race, elle fit une portée dans laquelle se rencontrèrent des petits à robe marron uniforme...

« Le cas le plus célèbre est celui de la jument du

---

(1) Il faut que cet accouplement ait été suivi de fécondation ; aussi, toutes les théories tendant à expliquer la télégonie sont condamnables dès qu'elles font intervenir l'influence sur la femelle des spermatozoïdes non utilisés du premier coït.

lord comte de Morton. Cette jument alezan ayant 7/8 de sang arabe et 1/8 de sang anglais fut saillie en 1815 par un couagga, sorte de zèbre moins rayé que l'espèce ordinaire, et fit un métis. Livrée ensuite à un étalon noir de même sang qu'elle, elle fit successivement, en 1817 et 1818, deux petits que lord Morton, qui avait cédé sa jument à sir Gore Ouseley, le propriétaire de l'étalon, vit lorsque l'un avait deux ans et l'autre un an. Tous les deux avaient, d'après le comte de Morton, autant de ressemblance avec le couagga que s'il avaient eu 1/16 du sang de cet animal. Ils étaient de couleur bai, marqués comme le couagga, de taches foncées disséminées, de bandes noires, l'une le long de l'échine, les autres sur les épaules et la partie postérieure des jambes. La crinière aussi rappelait celle du couagga qui est dure et dressée. Saillie de nouveau en 1823, elle, eut encore un petit qui rappelait le premier père huit ans après l'intervention de celui-ci. L'authenticité de ce cas n'est pas douteuse, mais on peut objecter que les ressemblances avec le couagga étaient peu accentuées et que des rayures semblables se rencontrent parfois spontanément, d'aucuns disent par atavisme, chez des chevaux qui n'ont jamais eu de couaggas dans leur lignée depuis l'origine de leur espèce.

« Cependant, le fait que trois produits successifs ont montré ces caractères rend plus difficile de croire qu'il s'agit là de coïncidence ou même d'atavisme.

« En somme, conclut M. Delage, l'influence d'un premier père sur les portées ultérieures se manifeste, à titre d'exception rare, par des faits qui seraient certainement acceptés si leur explication théorique ne souffrait pas de difficultés. Mais comme *on ne peut* l'expliquer que par des hypothèses peu en rapport avec les faits physiologiques positifs, on élève sur sa réalité des doutes qu'une démonstration formelle n'a pas encore effacés [1]. »

Il me semble que ces faits de télégonie s'expliquent très simplement de la même manière que l'immunité [2] et l'hérédité des caractères acquis [3].

Pendant toute la période de la gestation, il y a de telles communications entre les milieux intérieurs de la mère et du fœtus qu'on peut les considérer tous deux, au point de vue du milieu intérieur, comme formant un individu unique, dans lequel la sélection adaptative établit la corrélation générale. Or, par le fait même de la gestation, les conditions se trouvant modifiées, il intervient naturellement une variation quantitative, tant chez la mère sous l'influence du fœtus que chez le fœtus sous l'influence de la mère. Dans cet individu formé de deux êtres, il s'établit donc, pendant la longue durée de la gestation, une sorte d'équilibre qui dépend naturellement des races de la mère et du fœtus. La sélection naturelle détermine donc une variation quantitative tout à fait comparable à celle qui produit l'immunité.

Une fois que l'accouchement a eu lieu, la cause qui déterminait cette variation n'existant plus, cette variation pourra disparaître, surtout si une autre cause détermine une sélection dans une autre direction ; or il est évident que le cas est tout à fait parallèle à celui de l'immunité qui résulte de la guérison d'une maladie ; la variation quantitative produite par

----

(1) Delage. *Op. cit.*, p. 230-233.
(2) Voyez ch. v.
(3) Voyez ch. xvi.

la lutte des tissus contre l'élément pathogène disparaît *petit à petit* quand l'élément pathogène a été éliminé par la guérison, mais nous savons cependant qu'elle dure plusieurs années dans certains cas, et il n'y a rien d'étonnant à ce que la jument de lord de Morton ait encore été sous l'influence de sa première gestation, huit ans après qu'elle avait été saillie par le couagga.

De plus, nous avons été amenés à considérer que dans un individu à milieu intérieur limité, il y a, quand l'état adulte est définitivement obtenu, *unité* de race entre les éléments. Dans le cas de l'être double formé d'une mère et de son fœtus, il est donc tout naturel que la race tende à s'unifier entre les éléments des deux individus unis et comme la gestation est longue, cette unification peut être assez avancée au moment de l'accouchement pour que les autres éléments sexuels de la mère aient acquis beaucoup des caractères de la race du père et les conservent assez longtemps.

De sorte que la mère elle-même, par le fait de sa gestation, acquerrait dans tous ses tissus quelques-uns des caractères de la race du père. « Mais, dit M. Delage, on ne voit pas que la mère revête elle-même ces caractères [1]. » C'est que, par suite de l'état résistant du squelette de la mère adulte, ces caractères entrent dans la catégorie de ceux que j'ai appelés plus haut, *spécifiquement acquis mais morphologiquement latents* [2]. Et d'ailleurs ne cite-t-on pas souvent le cas d'une ressemblance assez vague acquise à la longue par deux époux qui ont eu beaucoup d'enfants ?

(1) Delage. *Op. cit.*, p. 365.
(2) V. ch. XVI.

Il y a autre chose; on ne pense pas le plus souvent, quand l'utérus débarrassé de son fardeau reprend plus ou moins ses dimensions normales, on ne pense pas, dis-je, qu'il puisse lui rester de trace bien précise de la gestation passée. Cependant, il ne faut pas oublier que les substances squelettiques ne se détruisent pas ; le squelette qui s'est construit dans l'utérus pendant la gestation ne disparaît pas ; il se replie pour ainsi dire sur lui-même, mais qu'une nouvelle gestation se réalise, et ce squelette persistant en modifiera les conditions et les rendra plus semblables à celles de la grossesse précédente.

Enfin, si le fœtus a une influence sur la mère, la mère a aussi, indépendamment de l'hérédité, pour les mêmes raisons de corrélation, une influence sur le fœtus, c'est-à-dire que si l'on pouvait faire développer dans l'utérus d'une femme donnée un œuf fécondé provenant d'une autre femme, le rejeton tiendrait des caractères de cette dernière par hérédité et de ceux de la première par corrélation [1].

En résumé, on ne peut pas admettre que les enfants adultérins ne tiennent aucun caractère du mari de leur mère, lorsque la mère a été fécondée une fois par lui.

Remarquez encore que ce n'est pas seulement le premier mâle qui influe sur les rejetons futurs, sauf quant au squelette de l'utérus, mais bien tout mâle ayant fécondé antérieurement la mère ; on s'en rend compte facilement par la comparaison précédemment faite avec l'immunité ; on peut, étant

(1) Les récentes expériences de Heape ont donné une confirmation de cette hypothèse.

réfractaire au charbon, devenir réfractaire à la rage ; on peut même être réfractaire aux deux maladies à la fois et un enfant naissant d'une femme qui a eu antérieurement plusieurs enfants de divers amants peut tenir des caractères de tous ces pères antérieurs.

TABLE DES MATIÈRES

TROISIÈME PARTIE

LIVRE V. — DISCUSSION DE QUELQUES FAITS
ET DE QUELQUES THÉORIES AYANT RAPPORT A L'HÉRÉDITÉ